EINSTEINS ERSTER FEHLER

Zeitintervall

Evgeni Bantutov

ЕДБ

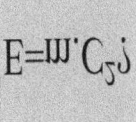

Copyright © 2022 Evgeni Bantutov

All rights reserved

The characters and events portrayed in this book are fictitious. Any similarity to real persons, living or dead, is coincidental and not intended by the author.

No part of this book may be reproduced, or stored in a retrieval system, or transmitted in any form or by any means, electronic, mechanical, photocopying, recording, or otherwise, without express written permission of the publisher.

Cover design by:ЕДБ

CONTENTS

Title Page
Copyright
1. Vorwort   1
2. Einführung   2
3. Beschreibung des Problems   3
4. Lösung des Problems   56
5. Analyse 02.02.2022.   62
6 Analyse 22022022   68
7. Definitionsumgebung   70
8. Erläuterungen zur Definitionsumgebung.   72
9. Fazit   78

1. VORWORT

Dieses Buch trägt den Titel Einsteins erster Fehler. Es ist als zweite Auflage und erweiterte Version des Buches „Einsteins Fehler" konzipiert. Wesentliche Teile des Haupttextes wurden überarbeitet und drei neue Kapitel hinzugefügt.

2. EINFÜHRUNG

Die Spezielle Relativitätstheorie wurde von Albert Einstein entwickelt. Es ist eine Theorie von Zeit, Raum und Bewegung.

Bei der Entwicklung der Speziellen Relativitätstheorie verwendete Einstein Uhren, die die Zeit messen.

Diese Uhren müssen synchron laufen. Damit sie synchron arbeiten, müssen sie vorher synchronisiert werden. Die Synchronisierung von Uhren erfolgt immer durch ein Verfahren zur Überprüfung des synchronen Betriebs von Uhren.

Die Methode von Albert Einstein ist unmöglich. Wenn die Methode von Albert Einstein unmöglich ist, dann ist auch die Spezielle Relativitätstheorie unmöglich.

Das zeigen wir in diesem Buch.

Es gibt viele Figuren in dem Buch. Anhand der Abbildungen wird die Methode von Albert Einstein zur Überprüfung des Synchronlaufs von Uhren leicht gezeigt und erklärt.

Wenn es um Zahlen geht, verstehen Leser ohne spezielle Ausbildung in Physik sofort, was Albert Einsteins Fehler war.

Das Buch ist ganz bewusst für Menschen gemacht, die keine Spezialisten für Physik sind, aber gerne nachdenken, analysieren und nach Antworten auf interessante physikalische Fragen und Naturgeheimnisse suchen.

3. BESCHREIBUNG DES PROBLEMS

1905 erschien der Artikel „ Zur elek $_{trodynamik}$ _ Beweger Körper " Annalen _ der Physik 1905 17, 891-921).

Der Autor ist sehr jung und heißt Albert Einstein. Nach diesem Artikel wurde er ein weltberühmter Forscher.

Der Artikel besteht aus einer Einleitung, zwei Teilen und zehn Absätzen. Das Wichtigste ist auf den ersten drei Seiten des Artikels gesagt. Auf diesen wenigen Seiten werden die Ideen gezeigt, die die Grundlage der Speziellen Relativitätstheorie bilden. Diese Ideen werden ernsthaft kritisiert und können beanstandet werden.

Der Haupteinwand richtet sich gegen die Methode von Albert Einstein, Uhren zu synchronisieren.

Hier ist, was Einstein sagt:

Befindet sich eine Uhr an einem Punkt im Raum, so kann der Beobachter, der sich bei befindet A, den Zeitpunkt von Ereignissen direkt bei bestimmen A. Indem er nach der Koinzidenz des Gleichzeitigen mit diesen Ereignissen nach der Position der Zeiger der Uhr fragt. Wenn es an einem anderen Punkt B im Raum auch eine Uhr gibt, - wir können hinzufügen, "eine Uhr mit genau der gleichen Vorrichtung wie die in A, - dann ist es immer noch möglich, die Zeit von Ereignissen in der unmittelbaren Umgebung zu bestimmen, aus der eine befindet sich im B Beobachter.

Ohne eine zusätzliche Annahme ist es jedoch nicht möglich, ein Ereignis in mit einem Ereignis in zeitlich A zu vergleichen B; bisher haben wir "time A" und "time B" definiert, aber nicht das allgemeine, for A und B "time".

Wir können letzteres tun, indem wir per Definition annehmen, dass die Zeit, die Licht benötigt, um von A bis zu gelangen, B gleich der Zeit ist, die benötigt wird, um von B bis zu erreichen A. Sei es genau zu einem Zeitpunkt t_A relativ zur Zeit A, ein Lichtstrahl wird von A nach gerichtet B, zu einem Zeitpunkt t_B relativ zur Zeit B wird er von bis A reflektiert B, und zu einem Zeitpunkt t'_A relativ zur „Zeit A" kehrt er zurück zu A. Per Definition sind zwei Uhren synchronisiert, wenn:

$$t_B - t_A = t'_A - t_B$$

Dies ist der Text, in dem Albert Einstein seine Methode zur Synchronisierung zweier Uhren zeigt und beweist, dass diese beiden Uhren synchron arbeiten. Einsteins Methode lässt sich anhand eines Zahlenbeispiels leicht erklären und verstehen.

Beispielsweise A sendet ein Beobachter um acht Uhr morgens einen Lichtimpuls. Acht Uhr ist ein Moment in der Zeit t_A.

$$t_A = 8$$

Wenn die beiden Uhren synchronisiert sind, B sollte die Uhr des Beobachters ebenfalls acht Uhr anzeigen.

Der Beginn des Lichtimpulses kommt am Punkt an B, und dann zeigt die am Punkt befindliche Uhr des Beobachters B zehn Uhr an. Zehn Uhr ist ein Moment der Zeit t_B

$$t_B = 10$$

Wenn die beiden Uhren synchronisiert sind, A sollte die Uhr des Beobachters ebenfalls zehn Uhr anzeigen.

Der Strahl wird von Punkt reflektiert B und kehrt um A zwölf Uhr zu einem Beobachter zurück. Zwölf Uhr ist ein Moment der Zeit t'_A.

$$t'_A = 12$$

Wenn die beiden Uhren synchronisiert sind, B sollte die Uhr am Punkt ebenfalls zwölf Uhr anzeigen.

Der Lichtimpuls legt die Entfernung von A bis B in zwei Stunden zurück und die umgekehrte Entfernung von B bis A wiederum in zwei Stunden.

Nach Einsteins Definition sind zwei Uhren synchronisiert, wenn:

$$t_B - t_A = t'_A - t_B$$

In Einsteins Formel ersetzen wir die Zeitpunkte durch ihre Zahlenwerte und erhalten den Ausdruck:

10-8=12-10

Es wird erhalten:

2=2.

Die Gleichheit ist wahr, daher sind die Uhren synchronisiert. Alles ist sehr einfach und der Leser ist überzeugt, dass alle Kommentare unnötig sind.

Leider ist dies nicht wahr.

Nun werden Sie und ich, lieber Leser, die Methode von Albert Einstein sorgfältig analysieren.

Albert Einstein sagt folgendes:

Es sei genau in einem Moment t_A relativ zur „Zeit A", von dem ein Lichtstrahl auf gerichtet wird A, B in einem Moment t_B relativ zur „Zeit B" wird er von B bis reflektiert A, und in einem Moment t'_A relativ zur „Zeit A" kehrt er zurück zu A.

Aus dem Gesagten folgt, dass der Strahl, wenn er am Punkt ankommt B, vom Punkt reflektiert werden muss B und sich in die entgegengesetzte Richtung zum Punkt bewegen muss A. Albert Einstein hat nicht erklärt, wie ein Lichtstrahl reflektiert wird. Einstein zeigte keine bestimmte Art und Weise, wie das

Licht reflektiert und von Punkt B zu Punkt bewegt wird A.

Wir alle wissen, dass Licht am einfachsten durch einen Spiegel reflektiert wird.

Beispielsweise steht in dem Artikel von G. B. Malinin ("Über die Möglichkeiten der experimentellen Prüfung des zweiten Postulats der speziellen Relativitätstheorie" Uspekhi fiziknih Nauk, 2004, Band 174.) geschrieben, dass die Lichtreflexion durch a Spiegel.

Daher entscheiden wir uns auch für einen Spiegel. Dazu platzieren wir einen Spiegel am Punkt B. Die reflektierende Oberfläche des Spiegels ist auf den Punkt gerichtet A.

Um es ganz deutlich zu machen, siehe Abbildung 1.

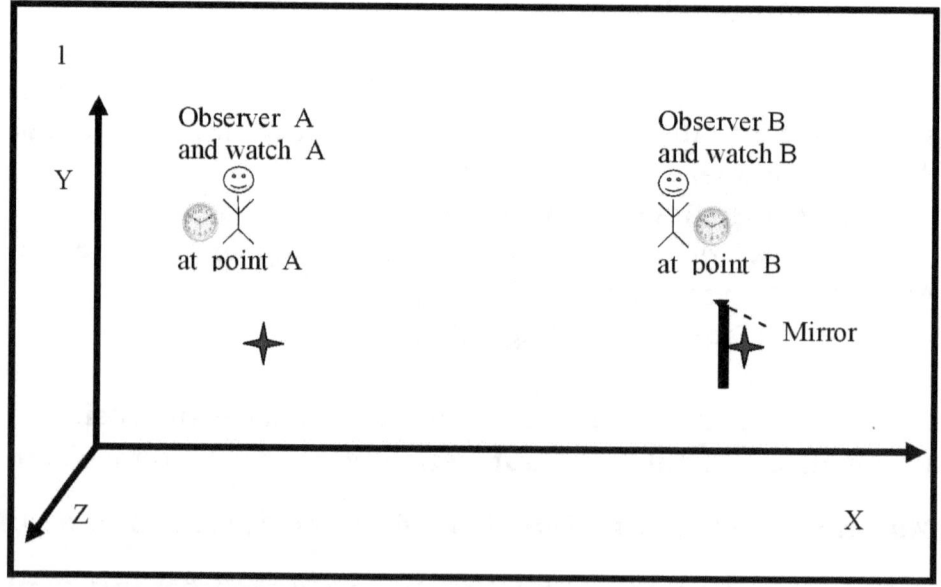

Abbildung 1 zeigt:

Koordinatensystem XYZ.

Ein Punkt , A an dem sich ein A mit einer Uhr ausgestatteter Beobachter befindet A.

Ein Punkt , B an dem sich ein B mit einer Uhr ausgestatteter Beobachter befindet B. Vor dem Punkt ist ein Spiegel platziert B, der einen Lichtstrahl reflektieren kann.

EINSTEINS ERSTER FEHLER

Punkt A, und Punkt B sind mit dem Symbol „✝" gekennzeichnet.

Die Uhren bei dot A und dot B sind gleich. Wenn die Uhren gleich sind, wird angenommen, dass sie die gleiche Zeit messen.

Beobachter A weiß nicht, wie sich die Zeiger einer Beobachteruhr bewegen B.

Umgekehrt B weiß ein Beobachter nicht, wie sich die Zeiger seiner Uhr bewegen A. Die Uhren müssen synchronisiert werden.

Albert Einstein schlug vor, die Bewegung der Zeiger der beiden Uhren mithilfe eines Lichtstrahls zu synchronisieren. Die Methode von Albert Einstein besagt , dass ein Beobachter A einen Lichtstrahl zu einem Beobachter sendet B. Ein Laser kann verwendet werden.

Siehe Abbildung 2.

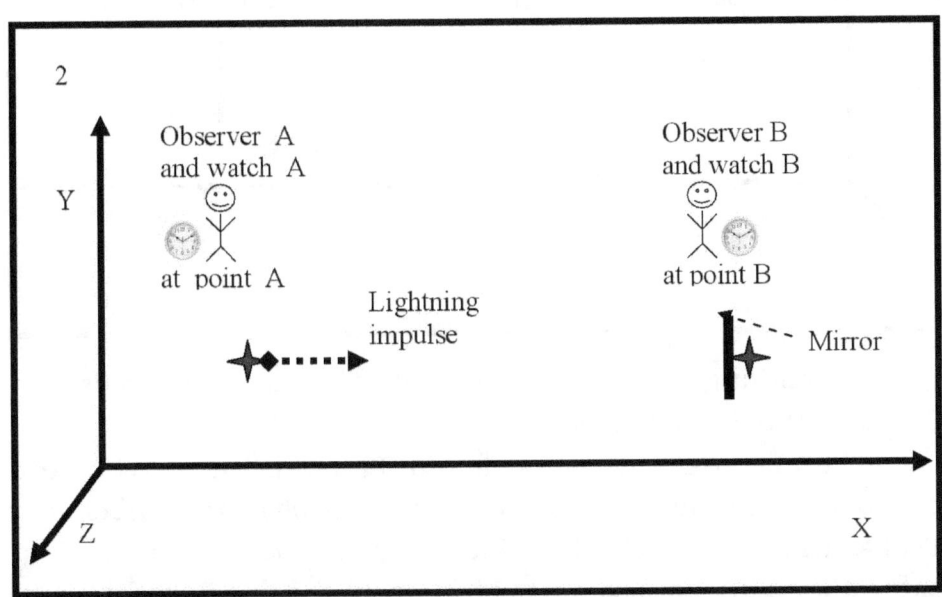

Abbildung 2 zeigt einen Laserlichtpuls.

Ein Lichtimpuls hat einen Anfang und ein Ende. Das Erscheinen des Beginns des Lichtimpulses ist ein Ereignis, das zu einem bestimmten Zeitpunkt geschieht t_A. Den Zeitpunkt bestimmt der t_A Beobachter A mit seiner Uhr, die sich in unmittelbarer Nähe eines Punktes befindet A. Der Betrachter erinnert sich an einem Punkt A, dass das Ereignis "Erscheinen des Beginns des Lichtimpulses" zu einem Zeitpunkt stattgefunden hat t_A.

Der Lichtimpuls beginnt sich auf den Beobachter zuzubewegen, der sich am Punkt befindet B.

Siehe Abbildung 3.

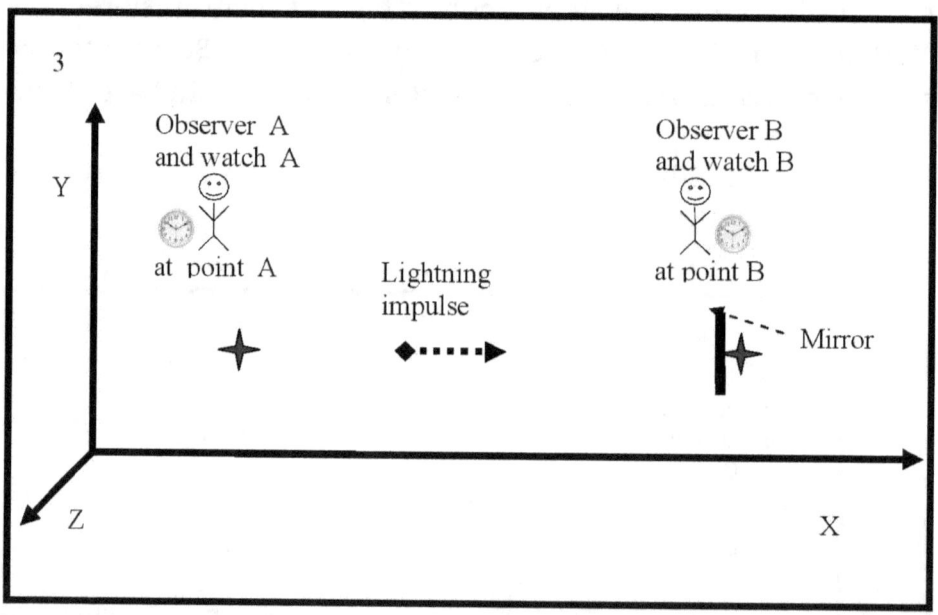

Abbildung 3 zeigt, dass der Lichtimpuls irgendwo zwischen Punkt A und Punkt liegt B.

Der Beobachter, der sich am Punkt befindet A, kann die Bewegung des Lichtstrahls nicht beobachten. Aber der Beobachter, der sich bei Punkt befindet A, weiß (hat Informationen), dass sich der Lichtstrahl auf den Beobachter zu bewegt, der sich bei Punkt B befindet, und dass der Lichtstrahl von dem Spiegel (der sich bei Punkt befindet B) reflektiert wird und zurückkehrt zu zeigen A.

Der Beobachter am Punkt A beobachtet sorgfältig die Ablesungen seiner Uhr und wartet auf die Rückkehr des Lichtstrahls zurück zum Punkt A.

Der Lichtimpuls kommt am Punkt an B.

Siehe Abbildung 4.

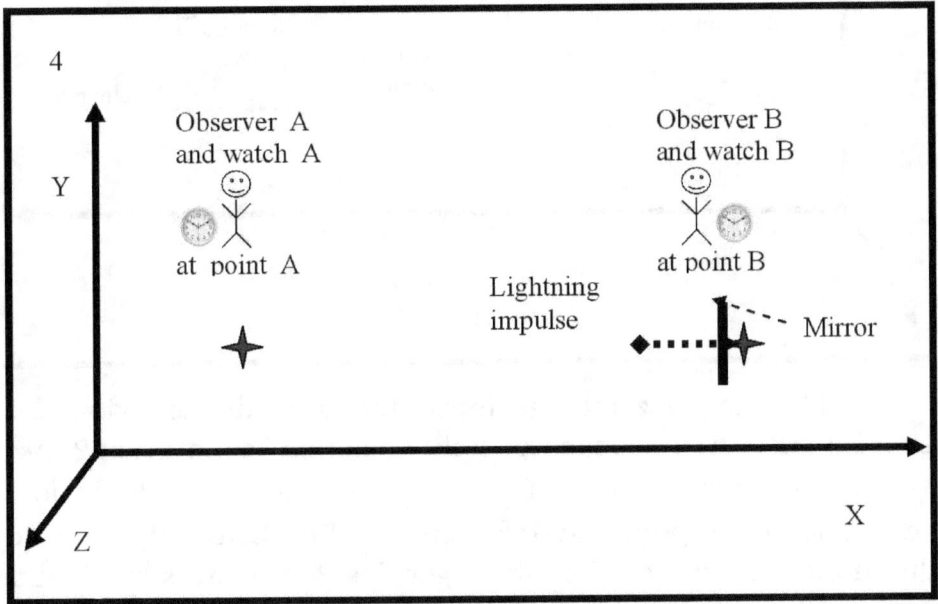

Abbildung 4 zeigt, dass der Beobachter an einem Punkt B das Eintreffen des Lichtimpulses bemerkt und ihn vom Spiegel reflektiert sieht. Das Auftreffen des Lichtstrahls an einem Punkt B und die Reflexion des Lichtstrahls am Spiegel sind zwei Ereignisse, die gleichzeitig stattfinden t_B.

Siehe Abbildung 5.

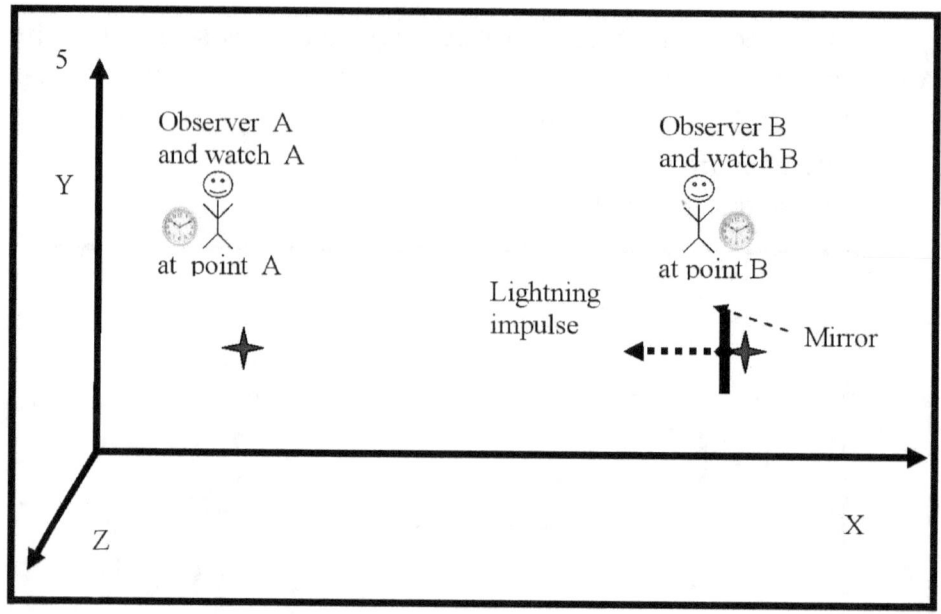

Abbildung 5 zeigt das Eintreffen und die Reflexion des Lichtimpulses. Der Beobachter stellt an einem bestimmten Punkt B fest, dass diese beiden Ereignisse, Ankunft und Reflexion, zum selben Zeitpunkt stattfinden t_B. Der Zeitpunkt t_B wird durch die Ablesungen der Uhrzeiger des Beobachters am Punkt aufgezeichnet B. Der Beobachter, der sich am Punkt befindet B, erinnert sich daran, dass das Eintreffen und die Reflexion des Lichtstrahls zu einem bestimmten Zeitpunkt erfolgt t_B.

Der Lichtimpuls wird vom Spiegel reflektiert und wandert zu einem Punkt zurück, an A dem sich der Beobachter befindet A.

Siehe Abbildung 6.

EINSTEINS ERSTER FEHLER

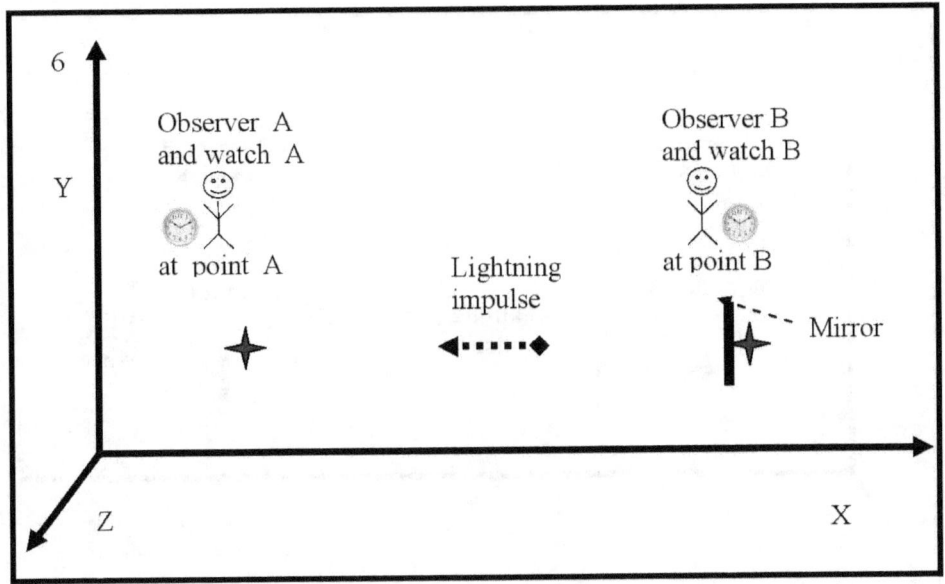

Abbildung 6 zeigt, dass sich der Lichtimpuls irgendwo zwischen Punkt A und Punkt befindet B. Der Beobachter am Punkt A und der Beobachter am Punkt B können die Bewegung des Lichtpulses nicht beobachten, aber sie wissen, dass sich der Puls von Punkt B zu Punkt bewegt A

Der Lichtimpuls kommt am Punkt an A.

Siehe Abbildung 7.

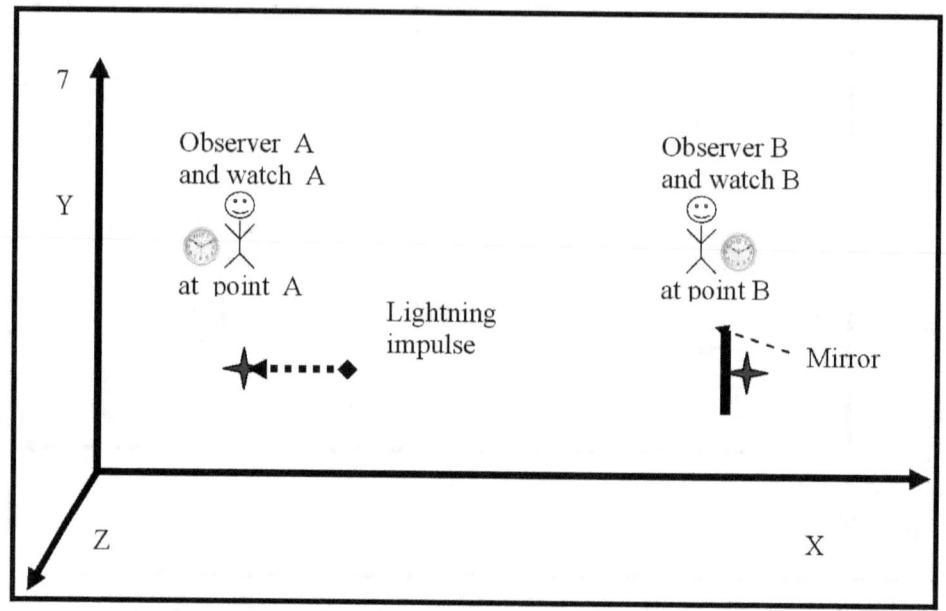

Abbildung 7 zeigt, dass das Eintreffen des Pulses am Punkt A ein auftretendes Ereignis ist. Der betreffende Beobachter A stellt fest, dass die Ankunft des Lichtimpulses zu einem bestimmten Zeitpunkt erfolgt t'_A. Die Messung des Zeitpunkts t'_A erfolgt durch die Ablesungen der Uhr, die sich am Punkt befindet A. Der Beobachter erinnert sich an einem Punkt A an den Zeitpunkt t'_A, weil der Zeitpunkt t'_A, notwendig ist, um die beiden Uhren zu synchronisieren.

Nach Durchführung des Gedankenexperiments kristallisieren sich vier wichtige Ergebnisse heraus.

Erstes wichtiges Ergebnis:

Der Beobachter an einem Punkt A kennt **den** Zahlenwert des Zeitpunkts t_A, an dem der Lichtimpuls den Punkt verlassen hat A, und **kennt** den Zahlenwert des Zeitpunkts t'_A, an dem der Lichtimpuls wieder am Punkt angekommen ist A.

Ein zweites wichtiges Ergebnis:

Der Beobachter an einem Punkt A kennt den Zahlenwert des Zeitpunkts t_B **nicht, an dem** der Lichtimpuls an dem Punkt ankam B.

Ein drittes wichtiges Ergebnis:

Der Beobachter auf den Punkt B **weiß**, dass der Lichtimpuls zu einem bestimmten Zeitpunkt an einem Punkt angekommen ist B, t_B der von einer Uhr aufgezeichnet wird B.

Viertes wichtiges Ergebnis:

Der Beobachter an einem Punkt B kennt **nicht** den Zahlenwert des Zeitpunkts t_A, an dem der Lichtimpuls den Punkt verlassen hat A, und **er kennt nicht** den Zahlenwert des Zeitpunkts t'_A, an dem der Lichtimpuls den Punkt wieder erreicht hat A.

Damit die beiden Uhren gemäß synchronisiert werden, muss die Bedingung erfüllt sein:

$$t_B - t_A = t'_A - t_B$$

Um den mathematischen Ausdruck zu schreiben, muss mindestens einer der beiden Beobachter, entweder der Beobachter am Punkt A, oder der Beobachter am Punkt B, **wissen die drei numerischen Werte** zu den Zeitpunkten t_A, t_B und t'_A.

Leider kennt keiner der beiden Beobachter, der erste befindet sich am Punkt A, und der zweite befindet sich am Punkt B, **die drei numerischen Werte** der Zeitpunkte t_A, t_B und t'_A.

Siehe Abbildung 8.

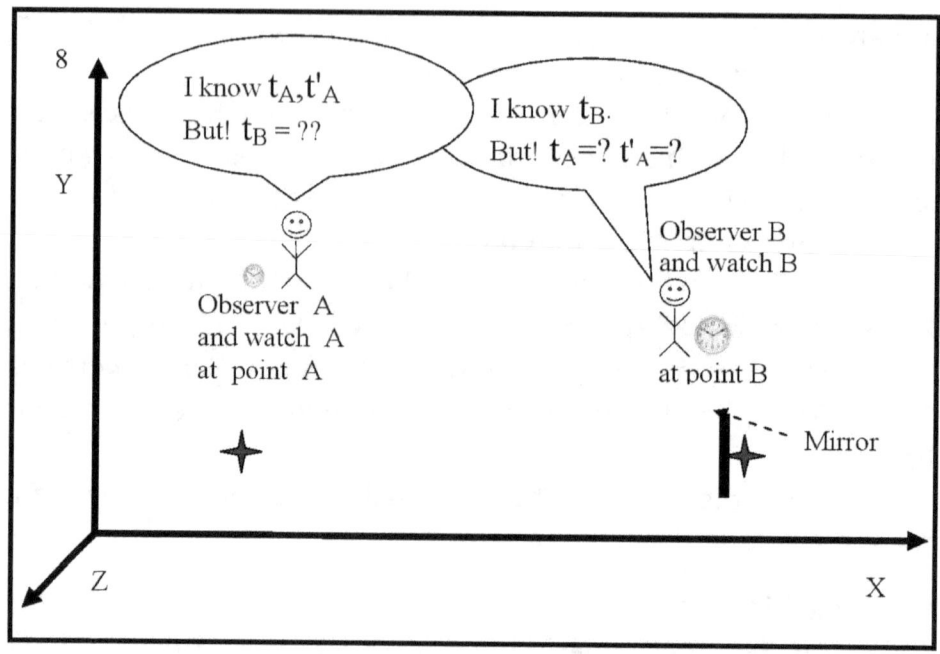

Abbildung 8 zeigt, dass dann keiner der Beobachter, der erste befindet sich am Punkt A, und der zweite befindet sich am Punkt B, den mathematischen Ausdruck schreiben kann

$$t_B - t_A = t'_A - t_B$$

durch die Zeitintervalle bestimmt werden.

Da der mathematische Ausdruck nicht geschrieben werden kann, können Beobachter die beiden Zeitintervalle nicht berechnen. Wenn Beobachter die beiden Zeitintervalle nicht berechnen können, können sie die beiden Uhren nicht synchronisieren.

Wir haben eine Analyse durchgeführt, und das Ergebnis der Analyse ist, dass Albert Einstein einen schrecklichen Fehler gemacht hat und seine Methode, den synchronen Betrieb zweier Uhren zu beweisen, falsch war.

Es stellt sich die Frage, hat Albert Einstein wirklich einen Fehler gemacht? Vielleicht haben wir bei unserer Analyse etwas verwechselt?

Unsere Analyse und die Schlussfolgerung, die wir gezogen

haben, sind richtig. Würde die Methode von Albert Einstein einen Spiegel verwenden, um den Lichtimpuls zu reflektieren, könnten die Uhren nicht synchronisiert werden.

Das Problem ist, dass Albert Einstein nicht im Detail erklärt hat, wie das Mentale funktioniert ein Experiment. Details sind sehr wichtig, wenn man ein Gedankenexperiment durchführt, aber leider hat Albert Einstein diese Tatsache nicht beachtet.

In dieser Situation müssen wir nachdenken und überlegen, was Albert Einstein sagen wollte. Wenn wir die Idee von Albert Einstein verstehen, müssen wir die Art und Weise ändern, die Methode der Synchronisierung der beiden Uhren, und die Ergebnisse erneut analysieren.

Wir haben bereits verstanden, dass der am Punkt befindliche Beobachter A, und t'_A kennt, t_A aber den Zeitpunkt nicht kennt t_B und die beiden Zeitintervalle nicht berechnen und zeigen kann, dass sie gleich sind.

Es stellt sich die Frage: Wie A wird der Beobachter im Punkt, den Zahlenwert des Augenblicks verstehen t_B ?

Der Beobachter A kann den numerischen Wert des Moments von veme t_B der an einem Punkt befindlichen Uhr verstehen B, indem er direkt das Zifferblatt der an einem Punkt befindlichen Uhr beobachtet B. Vielleicht war das die Idee von Albert Einstein? Wenn dies der Fall ist, dann muss der von Beobachter zu Beobachter B gesendete Lichtstrahl das A am Punkt befindliche Ziffernblatt beleuchten B und vom Ziffernblatt reflektiert werden B. Das Licht, das vom Ziffernblatt einer Uhr reflektiert B wird, kehrt zum Betrachter zurück A, und der Betrachter A sieht die Zeiger einer Uhr B. Dann B darf es am Punkt keinen Spiegel geben. Anstelle des Spiegels sollte eine Beobachteruhr angebracht werden B.

Nun zeigen wir anhand mehrerer Figuren detailliert und detailliert Schritt für Schritt die Essenz des neuen Gedankenexperiments.

Siehe Abbildung 9.

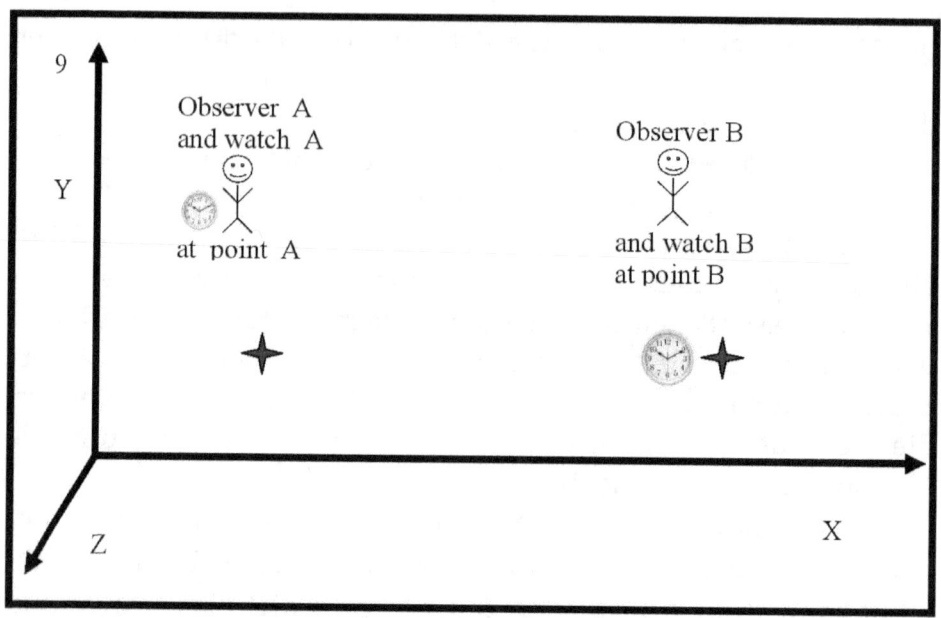

In Abbildung 9 sind die beiden Beobachter dargestellt. Der erste Beobachter befindet sich in unmittelbarer Nähe des Punktes A. Neben dem Beobachter befindet sich eine Uhr A. Der zweite Beobachter befindet sich in unmittelbarer Nähe des Punktes B. Eine B Beobachteruhr befindet sich vor einem Punkt B. Die Uhr des Beobachters B befindet sich anstelle des Spiegels. Das Ziffernblatt der Uhr B ist auf einen Betrachter gerichtet A. Wenn das Zifferblatt einer Uhr B auf einen Punkt gerichtet A wird, beleuchtet der Lichtimpuls das Zifferblatt und wird zu einem Beobachter zurückreflektiert A.

Das neue Experiment wird auf andere Weise durchgeführt. Die Startbedingungen sind unterschiedlich. Der Hauptunterschied besteht darin, dass der Beobachter, der sich am Punkt befindet A, die Platzierung der Zeiger der Uhr sehen muss, die sich am Punkt befindet B. Dies geschieht, wenn der Anfang des Lichtstrahls an einer Uhr ankommt B und das Zifferblatt einer Uhr beleuchtet B und zu einem Beobachter zurückreflektiert A wird und bei einem Beobachter ankommt A.

Im Moment des Aufleuchtens zeigen die Pfeile den

Zahlenwert des Zeitpunkts an t_B.

Es stellt sich die Frage: Wie kann man es schaffen, dass ein Beobachter A den genauen Moment des Aufleuchtens des Ziffernblatts einer Uhr sehen kann B?

Die Antwort ist einfach. Das bedeutet, dass das Experiment im Dunkeln durchgeführt werden muss. Wenn wir also das Gedankenexperiment durchführen, „schalten wir das Licht aus".

Siehe Abbildung 10.

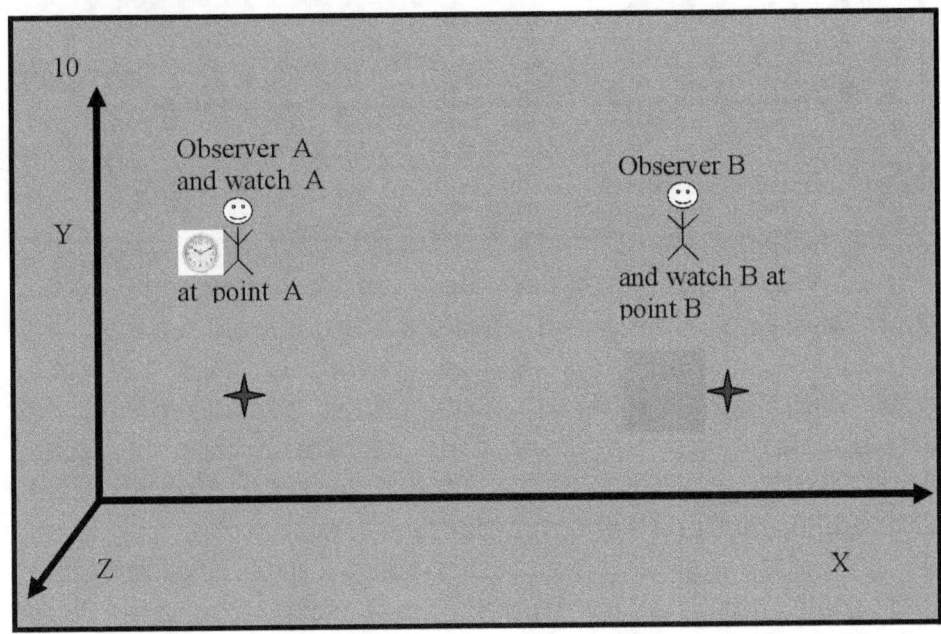

Abbildung 10 zeigt, dass der am Punkt befindliche Beobachter A die Zeiger seiner A leicht beleuchteten Uhr sieht, die Zeiger der am Punkt befindlichen Uhr jedoch nicht sieht B, da es dunkel ist.

Der an einem Punkt befindliche Beobachter B sieht die Zeiger seiner Uhr nicht B.

Ein Beobachter A sendet einen Lichtstrahl zu einem Beobachter B.

Siehe Abbildung 11.

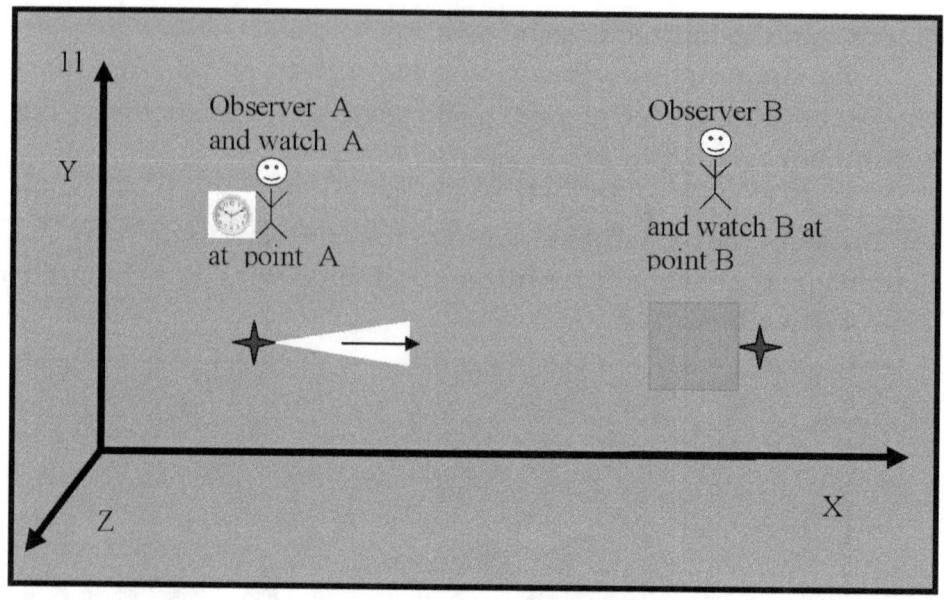

Abbildung 11 zeigt, dass die Quelle des Lichtimpulses von einer Taschenlampe stammt, die auf die Uhr gerichtet ist B.

Wir müssen uns daran erinnern, dass, als das erste Gedankenexperiment durchgeführt wurde, die Quelle des Lichtimpulses ein Laser war. Der Unterschied zwischen dem Lichtimpuls eines Lasers und dem Lichtimpuls einer Taschenlampe ist ein sehr wichtiger Faktor.

Der Anfang des Laserstrahls wird vom Spiegel reflektiert und prallt zurück. Der Beginn des Laserstrahls trägt keine Information über den Uhrenstand am Punkt B. Der Anfang des Lichtstrahls der Taschenlampe, wenn er von einer Uhr reflektiert wird B, trägt Informationen über die Ablesungen der Uhr am Punkt B.

Wir werden sehen, dass es dieser Unterschied zwischen dem Licht des Lasers und dem Licht der Taschenlampe ist, der die Methode zur Synchronisierung der beiden Uhren verändert.

Das Einsetzen des Lichtimpulses ist ein Ereignis, das zu einem bestimmten Zeitpunkt auftritt t_A. Den Zeitpunkt bestimmt der t_A Beobachter A durch seine Uhr, die sich in unmittelbarer Nähe des Punktes A befindet. Der Beobachter am Punkt A

erinnert sich, dass das Ereignis „Erscheinen des Beginns des Lichtimpulses" zu einem Zeitpunkt stattgefunden hat t_A.

Der Lichtstrahl beginnt sich auf den Betrachter zuzubewegen, der sich am Punkt B befindet. Der Ursprung des Lichtstrahls liegt irgendwo zwischen Punkt A und Punkt B.

Siehe Abbildung.12.

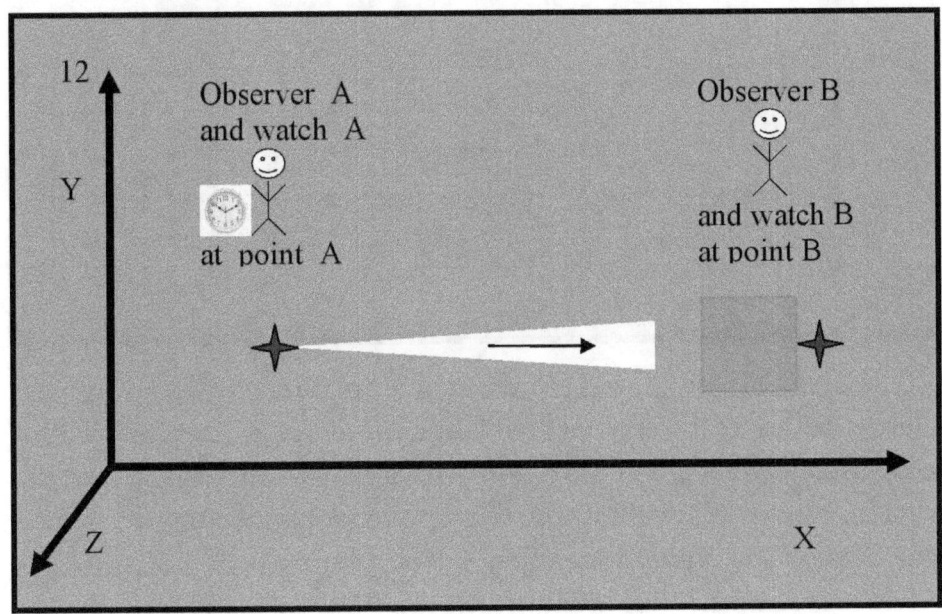

Abbildung 12 zeigt, dass der Beobachter am Punkt A, die Bewegung des Ursprungs des Lichtstrahls nicht beobachten kann. Aber der Beobachter, der sich bei Punkt A befindet, hat die Information, dass sich der Anfang des Lichtstrahls auf den Beobachter zu bewegt, der sich bei Punkt befindet, B und dass der Anfang des Lichtstrahls von dem Zifferblatt der Uhr reflektiert wird, das sich bei Punkt befindet B, und dass es wird am Punkt zurückkehren A.

Der Anfang des Lichtstrahls kommt am Punkt B an und beleuchtet das Zifferblatt der Uhr, das vor dem Punkt platziert ist B.

Siehe Abbildung 13

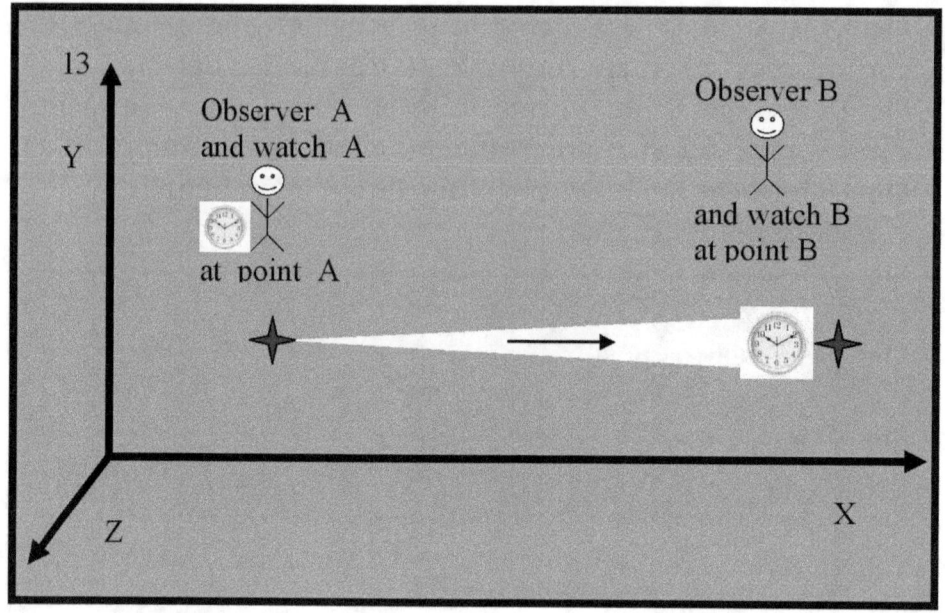

Abbildung 13 zeigt, dass, wenn die Vorderkante des Lichtstrahls das Zifferblatt der Uhr beleuchtet B, der Beobachter am Punkt B das Zifferblatt der Uhr sieht B. Der Beobachter, der sich an einem Punkt befindet B, sieht die Platzierung der Zeiger der Uhr B. Die Pfeile zeigen den Zeitpunkt an t_B.

Die Ankunft des Lichtstrahls am Punkt B, das Aufleuchten des Zifferblatts und die Reflexion des Lichtstrahls von der Uhr sind drei Ereignisse, die gleichzeitig stattfinden t_B. Der Beobachter stellt an einem bestimmten Punkt B fest, dass diese drei Ereignisse, nämlich Ankunft, Beleuchtung und Reflexion, zum selben Zeitpunkt stattfinden t_B. Der Beobachter, der sich an einem Punkt befindet B, erinnert sich daran, dass das Eintreffen, Aufleuchten und Reflektieren des Lichtstrahls zu einem Zeitpunkt erfolgt t_B.

Es ist sehr wichtig zu verstehen und sich daran zu erinnern, dass, wenn der Beobachter, der sich an einem Punkt befindet B, die Zeiger der beleuchteten Uhr sieht, die sich an einem Punkt befinden B, der den Moment anzeigt t_B, in diesem Moment der t_B Beobachter, der sich an einem Punkt befindet A, die Zeiger der Uhr nicht sieht, die sich befinden an einem Punkt B. Der Beobachter A schaut auf die Uhr B, sieht aber Dunkelheit. Denn der von der Uhr reflektierte Lichtstrahl ist B noch nicht beim Beobachter angekommen A.

Siehe Abbildung 14.

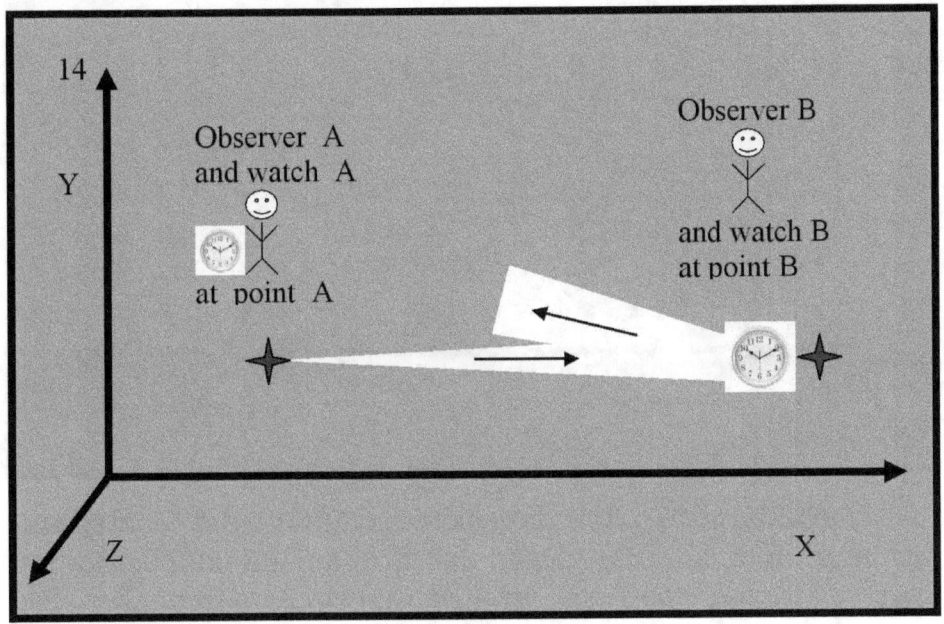

Abbildung 14 zeigt, dass der Ursprung des Lichtstrahls irgendwo zwischen den beiden Beobachtern liegt.

Wenn der reflektierte Strahl bei einem Beobachter ankommt A, sieht er erst dann die Beleuchtung der Uhr am Punkt B.

Noch einmal möchte ich sagen, dass die Reflexion des Lichtstrahls vom Zifferblatt der Uhr, das sich bei Punkt B befindet, ein sehr wichtiges Element des Experiments ist, das wir durchführen. Die Reflexion eines Lichtstrahls von einem Zifferblatt unterscheidet sich grundlegend von der Reflexion eines Laserstrahls von einem Spiegel.

Der Anfang des Lichtstrahls trägt nämlich B nach der Reflexion am Zifferblatt 10 das Lichtbild des am Punkt 10

befindlichen beleuchteten Ziffernblatts 10 B.
Siehe Abbildung 15.

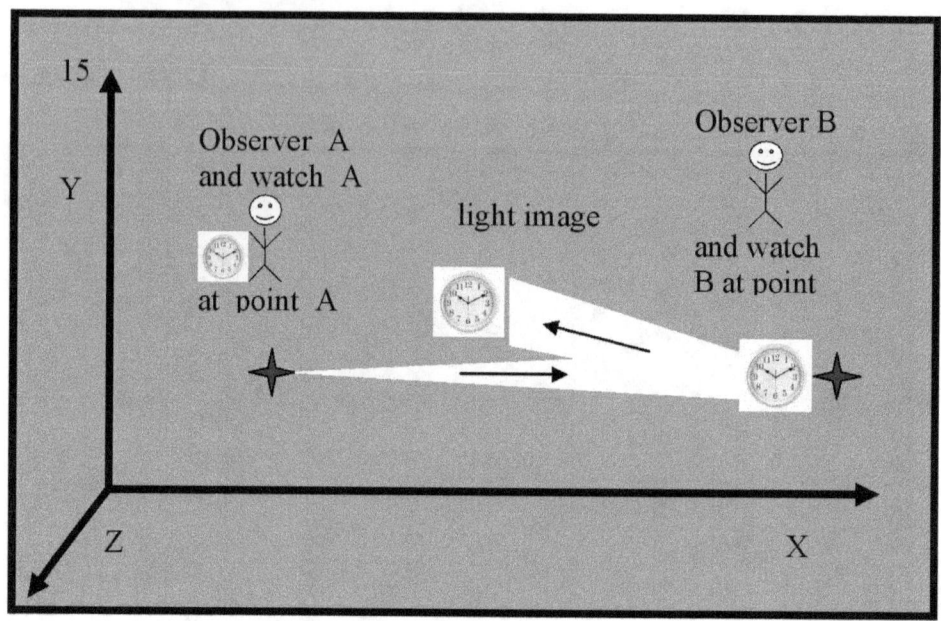

Abbildung 15 zeigt, dass sich der Anfang des Lichtstrahls "erinnert" hat, wie die Zeiger der Uhr am Punkt positioniert sind B. Dies ist der Hauptunterschied zwischen den beiden Gedankenexperimenten, die wir analysieren. Im ersten Experiment stammte der Lichtimpuls von einem Laser, der von einem Spiegel reflektiert wurde und kein Lichtbild trug. Der reflektierte Laserlichtimpuls ist eine einfache Lichtreflexion.

Diese Tatsache ist sehr wichtig, deshalb sollte verstanden und daran erinnert werden, dass im zweiten Experiment der Anfang eines Lichtstrahls **Informationen** über die Position der Zeiger der Uhr trägt, die sich bei Punkt befinden B. Dies sind **Informationen** über den quantitativen, numerischen Wert eines Zeitpunkts t_B.

Der Lichtimpuls liegt irgendwo zwischen Punkt A und Punkt B. Der Beobachter bei Punkt A und der Beobachter bei Punkt B können die Bewegung des Lichtpulses nicht beobachten, aber sie wissen, dass sich der Puls von Punkt B zu Punkt bewegt

A und dass er das Lichtbild des beleuchteten Ziffernblatts trägt, das sich bei Punkt befindet B.

Siehe Abbildung 16.

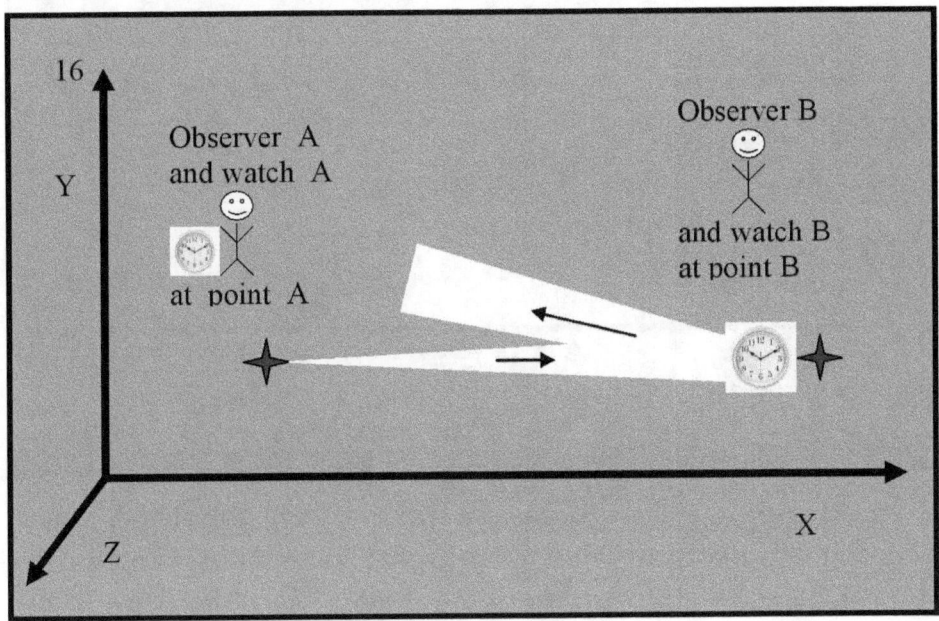

In Abbildung 16 ist das Lichtbild des beleuchteten Ziffernblatts am Punkt nicht dargestellt B, aber Beobachter und wir wissen, dass es dort ist.

Der Lichtimpuls kommt am Punkt an A.

Siehe Abbildung 17.

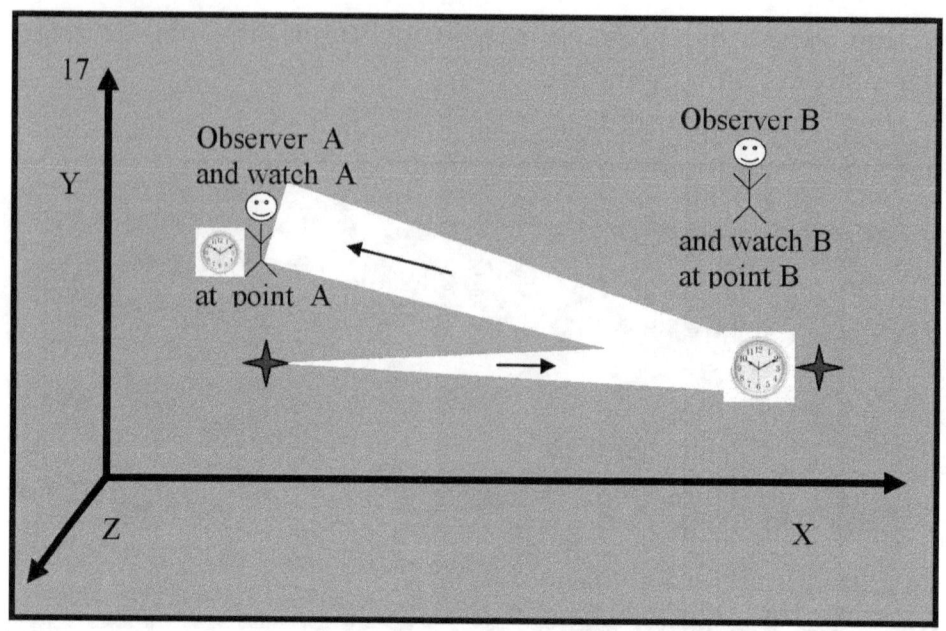

Abbildung 17 zeigt, dass, wenn der Lichtimpuls bei einem Beobachter ankommt A, er das Lichtbild des Ziffernblatts der Uhr sieht, das sich am Punkt befindet B. Der Beginn des Lichtimpulses zeigt die Position der Zeiger der Uhr am Punkt an B. Die Position der Zeiger einer Uhr B zeigt den Zeitpunkt an t_B. Wenn der Beobachter, der sich am Punkt A befindet, die Position der Zeiger einer Uhr sieht, wird er eine B **Information über den quantitativen Wert** annehmen, der der Zahlenwert des Zeitpunkts ist t_B.

Dies geschieht gerade t'_A. Der Fan in Point A stellt fest, dass die Ankunft des Lichtimpulses und der Empfang der Informationen zum Zeitpunkt erfolgt t'_A. Die Messung des Zeitpunkts t'_A wird durch die Ablesungen der Uhr gezählt, die sich am Punkt befindet A. Der Beobachter auf den Punkt A merkt sich den Zeitpunkt, t'_A weil der Zeitpunkt t'_A notwendig ist, um die beiden Uhren synchronisieren zu können

Was wir gesagt haben, ist sehr wichtig. Es sollte verstanden und daran erinnert werden, dass:

Zu einem bestimmten Zeitpunkt erhält t'_A ein Beobachter A Zeitinformationen t_B.

Fertig ist das Gedankenexperiment der Synchronisation der beiden Uhren. Nach Durchführung des Gedankenexperiments erhalten der Beobachter A und der Beobachter B folgende Ergebnisse:

Beobachterergebnisse B:
Zuerst.

Der Beobachter an einem Punkt B weiß, dass der Lichtimpuls B zu einem Zeitpunkt am Punkt ankam und zu einem t_B von seiner Uhr aufgezeichneten Zeitpunkt vom Spiegel reflektiert wurde. t_B

Zweite.

Der Beobachter an einem Punkt B kennt nicht den Zahlenwert des Zeitpunkts t_A, an dem der Lichtimpuls den Punkt verlassen hat A, und er kennt nicht den Zahlenwert des Zeitpunkts t'_A, an dem der Lichtimpuls den Punkt wieder erreicht hat A. Damit die beiden Uhren synchronisiert werden (nach Albert Einstein), muss die Bedingung erfüllt sein:

$$t_B - t_A = t'_A - t_B$$

Um den mathematischen Ausdruck zu schreiben B, muss der am Punkt befindliche Beobachter die drei Zahlenwerte der Zeitpunkte t_A, t_B und kennen t'_A.

Ein Beobachter B kennt die drei Zahlenwerte der Zeitpunkte t_A, t_B und nicht t'_A. Daher kann ein Beobachter B die beiden Uhren nicht synchronisieren.

Beobachterergebnisse A:
Der Beobachter an einem Punkt A kennt den Zahlenwert

der Zeit, zu t_A der der Lichtimpuls den Punkt verlassen hat A.

Der Beobachter an einem Punkt A kennt den Zahlenwert des Zeitpunkts t_B, an dem der Lichtimpuls an dem Punkt ankam B.

Der Beobachter an einem Punkt A kennt den Zahlenwert der Zeit, t'_A als der Lichtimpuls wieder am Punkt ankam A.

Albert Einstein sagte, dass die Bedingung erfüllt sein muss, damit die beiden Uhren synchronisiert werden können:

$$t_B - t_A = t'_A - t_B$$

Ein Beobachter A kennt die drei Zahlenwerte der Zeitpunkte t_A, t_B und t'_A.

Der Beobachter A schreibt die Gleichung, löst sie, und laut Albert Einstein reicht das, und die Uhren sind synchronisiert. Das Experiment, das wir durchführen, wurde erfolgreich beendet.

Ist es wirklich so?

Die Antwort auf diese Frage lautet: Nein!

Die Schlussfolgerung, dass das Experiment erfolgreich abgeschlossen wurde, ist nicht wahr. Wir werden nun zeigen, dass die Uhren möglicherweise nicht synchronisiert sind.

Nach der Methode von Albert Einstein muss der Zeitpunkt t_B, in der Mitte des Intervalls zwischen t_A und t'_A liegen, dann sind die Uhren synchronisiert. Erinnern wir uns an das Experiment mit den spezifischen Zahlen der Zeitmomente:

Acht vor zehn ist zwei Uhr und zehn vor zwölf ist zwei Uhr. Zehn liegt in der Mitte des Intervalls von acht bis zwölf, und dann werden die Uhren synchronisiert. Für Albert Einstein ist das das Wichtigste.

Aber wir behaupten:

Zehn kann **in** der Mitte des Intervalls sein, und die Uhren **können sind nicht** synchronisiert.

Und das:

Zehn liegt möglicherweise **nicht** in der Mitte des Intervalls, und die Uhren **sind** synchronisiert.

Was ist dieses Geheimnis, und wie ist das möglich?!

Es ist möglich, weil wir eine sehr wichtige Tatsache vergessen haben:

Zu einem Zeitpunkt erhält t'_A **ein Beobachter** A **von einer anderen Uhr Informationen über den Zeitpunkt** t_B.

Das Abrufen von **Zeitinformationen** von einer anderen Uhr ändert t_B die gesamte Synchronisierungsmethode.

Wir schreiben das Zahlenbeispiel noch einmal.

Der Lichtimpuls beginnt nach beiden Uhren um acht Uhr, kommt **nach beiden Uhren** um zehn Uhr an und kehrt **nach beiden Uhren um zwölf Uhr zurück**.

Das Wichtigste konzentriert sich auf den Begriff „**nach den beiden Uhren**".

Dies bedeutet, dass ein Beobachter A oder eine Beobachterin B **eine Koinzidenz des Auftretens von Ereignissen sehen** muss. Es gibt drei Spiele.

Erstes Spiel:

Koinzidenz des Ereignisses, das zum Zeitpunkt acht Uhr gemäß eingetreten ist A, mit dem Ereignis, das zum Zeitpunkt acht Uhr gemäß eingetreten ist B.

Zweites Spiel:

Zusammentreffen des Ereignisses, das zu einem Zeitpunkt zehn Uhr gemäß eingetreten ist A, mit dem Ereignis, das zu einem Zeitpunkt zehn Uhr gemäß eingetreten ist B.

Drittes Spiel:

Zusammentreffen des Ereignisses, eintretend zu einem Zeitpunkt zwölf Uhr gemäß A, mit dem Ereignis eintretend zu einem Zeitpunkt zwölf Uhr gemäß B.

Wenn ein Beobachter A oder Beobachter B die drei Zufälle von Ereignissen nicht sehen kann, können sich die Uhren nicht synchronisieren.

Wir behaupten, dass:

Wenn ein Beobachter A oder ein Beobachter B **Informationen über das Eintreten eines Ereignisses** erhält, kann der Beobachter das **Zusammentreffen** des Eintretens dieses Ereignisses mit dem Eintreten eines anderen Ereignisses nicht beobachten.

Zufall des Geschehens ist nur und nur bei **"direktem" möglich Überwachung**. Hier stellt sich eine sehr wichtige Frage: Was bedeutet **direkte Beobachtung**? Einstein hat diese Frage nicht gestellt und das Phänomen der **„direkten Beobachtung" nicht analysiert**. Analyse ist notwendig, besonders wenn es um die Wissenschaft der Quantenmechanik geht, wo die Zeitpunkte sehr nahe beieinander liegen und die Zeitintervalle sehr klein sind.

Kurz gesagt, der Beobachter kann die beiden Uhren nicht synchronisieren.

Jetzt werden wir das Experiment noch einmal sorgfältig und ohne Eile durchführen und eine detaillierte Analyse vornehmen.

Zur Verdeutlichung siehe Abbildung 18.

EINSTEINS ERSTER FEHLER

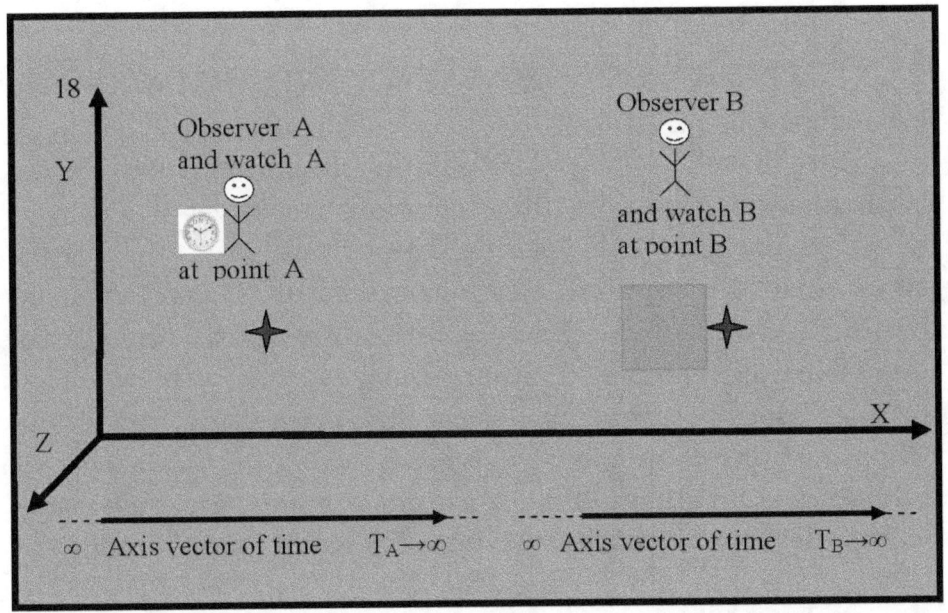

In Abbildung 18 ist ein Beobachter dargestellt A, der eine Uhr sieht, A aber keine Uhr sieht, B weil die Uhr B nicht beleuchtet ist. Ein Beobachter B am Punkt B, der keine Uhr sieht, B weil die Uhr B nicht beleuchtet ist.

Am unteren Rand der Abbildung sind zwei Vektoren dargestellt. Dies sind Koordinatenachsen der Zeit. Die gemäß der Abbildung dargestellte linke Zeitachse zeigt, wie sich die Uhrzeit ändert A, die rechte, wie sich die Uhrzeit B ändert. Die beiden Zeitachsen begannen ihren Anfang in der unendlich fernen Vergangenheit und werden in der unendlich fernen Zukunft weiter wachsen. Die beiden Zeitachsen sind voneinander unabhängig, weil sie von zwei unabhängigen Uhren stammen, Uhr A und Uhr B. Auf den Achsen markieren wir die Zeitpunkte von Uhr A und Uhr B.

Auf diese Weise werden wir die Zeitmomente zwischen Beobachter A und Beobachter vergleichen B. Wir werden verstehen können, welchen Zeitpunkt ein Beobachter sieht, A wenn ein Beobachter B auf seine Uhr schaut, und umgekehrt, welchen Zeitpunkt ein Beobachter sieht, B wenn ein Beobachter

A seine Uhr sieht.

Ein Beobachter A sendet einen Lichtstrahl zu einem Beobachter B.

Die Quelle des Lichtstrahls stammt von einer Taschenlampe, die auf die Uhr am Punkt gerichtet ist B.

Das Erscheinen des Beginns des Lichtstrahls ist ein Ereignis, das zu einem bestimmten Zeitpunkt geschieht t_A. Den Zeitpunkt bestimmt der t_A Beobachter A mit seiner Uhr, die sich in unmittelbarer Nähe des Punktes befindet A.

Auf der Koordinatenachse des Zeitvektors einer Uhr ist der Zahlenwert des Zeitpunkts 2 dargestellt t_A A. Der Betrachter A erinnert sich an einem Punkt, dass das Ereignis "Erscheinen des Beginns des Lichtimpulses" zu einem Zeitpunkt stattgefunden hat t_A.

Siehe Abbildung 19.

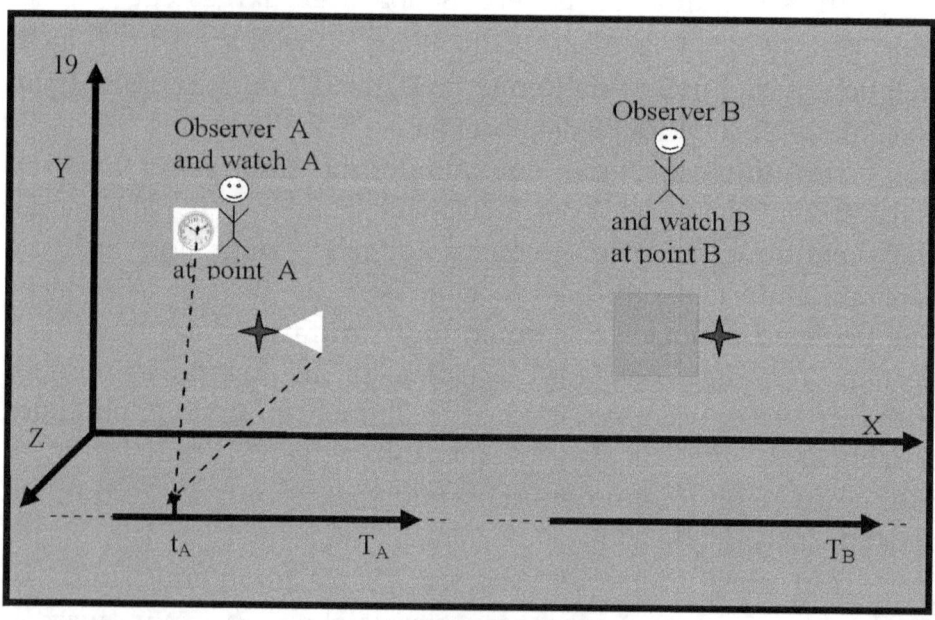

In Abbildung 19 sind zwei gestrichelte Pfeile sichtbar, die auf den Zeitpunkt zeigen t_A. Der erste Pfeil zeigt von der Uhr A zur aktuellen Uhrzeit t_A. Dies ist die Uhrzeitanzeige A. Der zweite Pfeil beginnt am Anfang des Lichtstrahls und endet bei t_A und zeigt an, dass der Anfang des Lichtstrahls zum Zeitpunkt erschienen ist t_A.

Wenn die Uhr eines Beobachters A Zeit anzeigt t_A, dann zeigt die Uhr des Beobachters B eine eigene Zeit an, die wir mit dem Symbol bezeichnen t_{BA}.

Siehe Abbildung 20

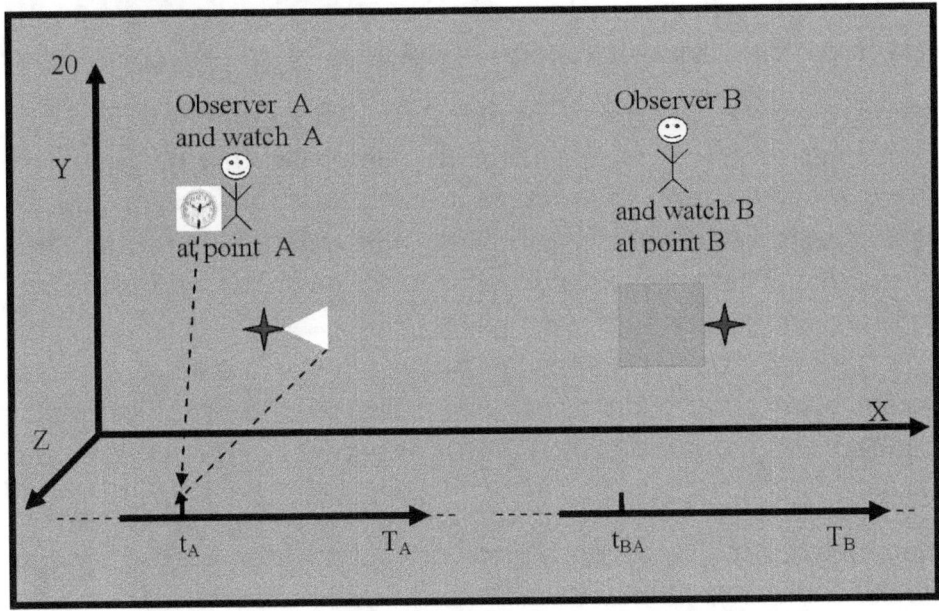

Abbildung 20 zeigt den Zeitpunkt t_{BA}, die sich auf dem Vektor T_B der Uhr befindet B. Wenn wir davon ausgehen, dass die Uhr B und die Armbanduhr A dieselbe Zeit messen und anzeigen, dann den Zeitpunkt t_A muss gleich dem Zeitpunkt sein t_{BA}.

Es stellen sich zwei Fragen.

Die erste Frage lautet:

Kann ein Beobachter A wissen, dass der t_A von seiner Uhr gemessene Zeitpunkt A gleich dem t_{BA} von einer Uhr B gemessenen Zeitpunkt ist?

Die Antwort ist nein. Das liegt daran, dass ein Beobachter A auf die Uhr schaut B, aber dort ist es dunkel. Es ist dunkel, weil das Ziffernblatt B nicht vom Lichtstrahl beleuchtet wird. Wenn der Lichtstrahl an einer Uhr ankommt B und vom Ziffernblatt einer Uhr reflektiert wird B und zu einem Beobachter zurückkehrt, wird der A Beobachter A nur dann den Zeitpunkt t_{BA} auf der Uhr sehen B. Wenn ein Beobachter A sieht Moment t_{BA} der Uhrzeit B, wird er auf seine Uhr schauen und t_{BA} die B Uhrzeit mit seiner Uhrzeit vergleichen A. Seine Uhr A zeigt eine andere Zeit an, die nicht der aktuellen Zeit entspricht t_{BA}. Dies liegt daran, dass sich Licht mit einer Geschwindigkeit von dreihunderttausend Kilometern pro Sekunde fortbewegt und die Entfernung von Punkt B zu Punkt A in einem Echtzeitintervall zurücklegt. Dieses echte Intervall ist eine Verzögerung, die die Uhr anzeigt A.

Beobachter A, kann das Auftreten der beiden Ereignisse nicht beobachten, kann das Auftreten der Zeitpunkte nicht beobachten, kann die beiden Zeitpunkte nicht vergleichen t_A und t_{BA} kann keine Koinzidenz auftretender Ereignisse beobachten und nicht eindeutig sagen, dass er, der Beobachter, auf diese Weise die beiden Uhren synchronisiert.

Die zweite Frage lautet:

Kann ein Beobachter B wissen, dass es t_A gleich ist t_{BA}?

Die Antwort ist nein. Dies ist unmöglich, weil ein Beobachter zwar B die Uhr eines A schwach beleuchteten Beobachters sieht, aber das Ereignis "Abgang des Lichtstrahls" von Punkt nicht sieht A, weil der Beginn des Lichtstrahls noch irgendwo zwischen Punkt A und Punkt liegt B.

Der Beginn des Lichtstrahls und die Uhranzeige A für den Zeitpunkt t t_A bewegen sich zusammen.

Siehe Abbildung 21.

EINSTEINS ERSTER FEHLER

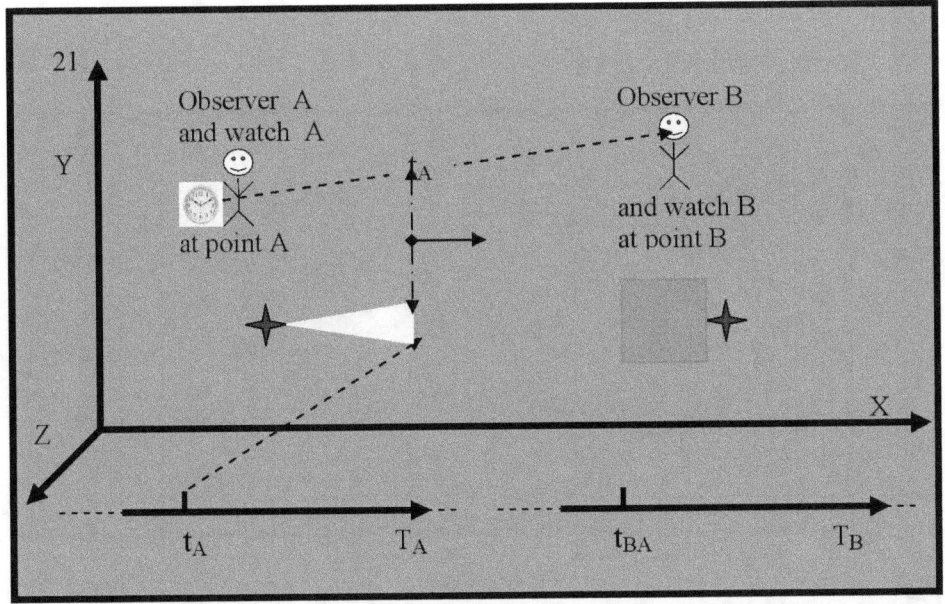

Abbildung 21 zeigt, dass sich das Lichtbild der Uhr A auf dem gestrichelten Pfeil bewegt, der die Uhr A mit dem Beobachter verbindet B.

Ein Beobachter B wird das Ereignis "Lichtstrahlabgang" nur dann sehen, wenn der Anfang des Lichtstrahls bei einem Beobachter ankommt B und ein Zifferblatt beleuchtet B.

Wichtig ist, dass ein Beobachter B die Koinzidenz des Ereignisses „Zeitpunkt t_A auf der Uhr A" mit dem Ereignis „Zeitpunkt t_{BA} auf der Uhr B" nicht sehen kann.

Der Beobachter B kann nicht sagen, ob es t_A gleich ist t_{BA}, und kann den Zeitpunkt nicht bestimmen t_{BA}.

Der Zeitpunkt t_{BA} kann von den beiden Beobachtern nicht bestimmt werden. Daher wird in den folgenden Abbildungen der Zeitpunkt t_{BA} nicht auf dem Uhrzeitvektor 10 dargestellt B.

In diesem Stadium des Experiments können die Beobachter die beiden Uhren nicht synchronisieren.

Der Lichtimpuls bewegt sich weiter auf den Beobachter zu,

der sich am Punkt befindet B.
Siehe Abbildung 22.

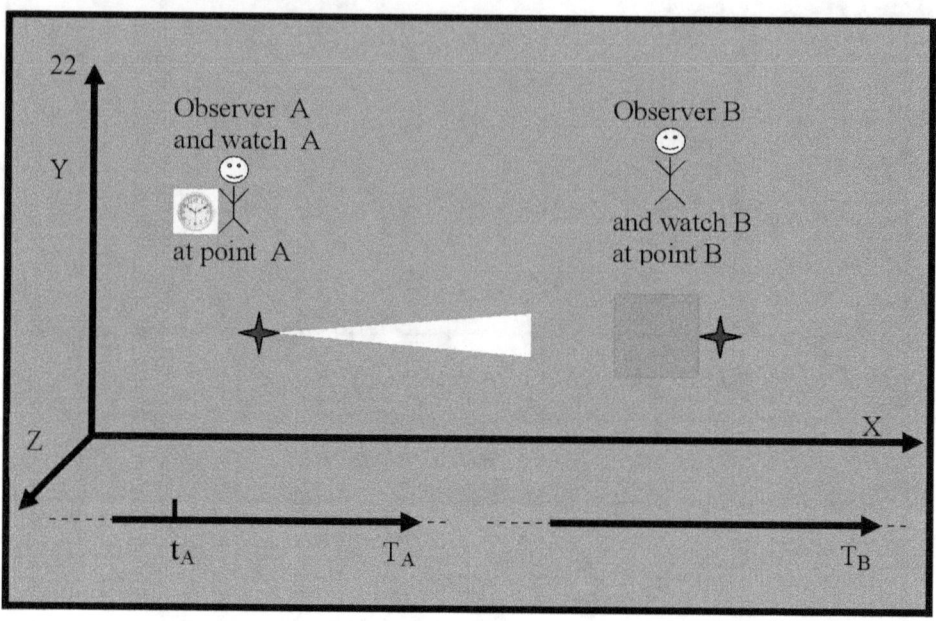

Abbildung 22 zeigt, dass der Ursprung des Lichtimpulses irgendwo zwischen Punkt A und Punkt liegt B. Ein Beobachter A und ein Beobachter B können die Bewegung des Beginns des Lichtimpulses nicht beobachten. Aber ein Beobachter B und ein Beobachter A wissen, dass sich der Ursprung des Lichtimpulses in Richtung Punkt bewegt B. Sie haben **Informationen**, dass sich der Strahl bewegt.

Der Anfang des Lichtstrahls trifft auf einen Punkt B und beleuchtet das Ziffernblatt B. Der Beobachter bei Punkt B, schaut auf das beleuchtete Ziffernblatt und sieht, dass laut seiner Uhr der Zahlenwert des Zeitpunkts ist t_B.

Siehe Abbildung 23.

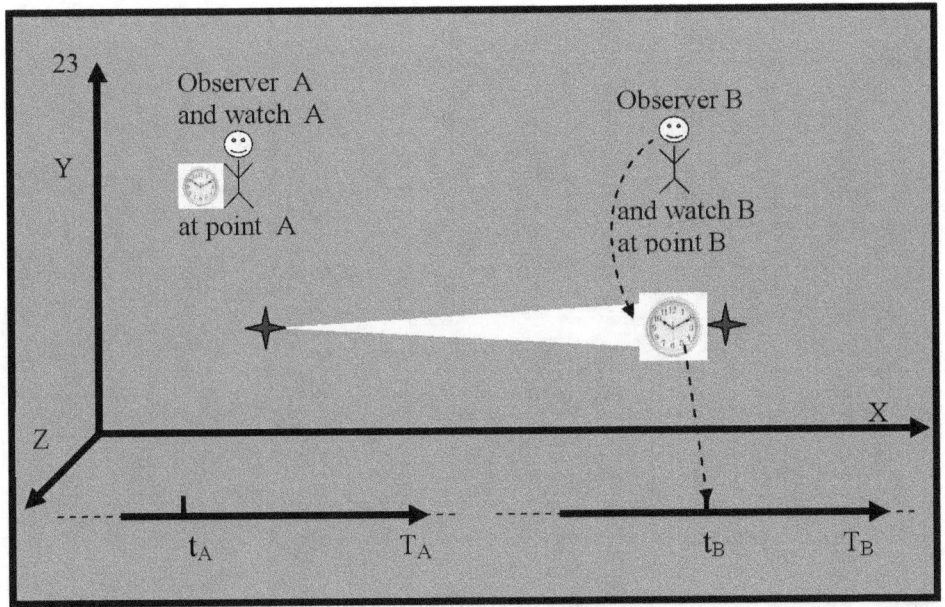

In Abbildung 23 ist der Zeitpunkt t_B, auf der Zeitachse einer Uhr, dargestellt B.

Als Beobachter B, siehe die Zeiger einer Uhr B, die den Zeitpunkt anzeigen t_B, die Zeiger einer Uhr eines Beobachters A, zeigen einen bestimmten Zeitpunkt an t_{AB}.

Siehe Abbildung 24.

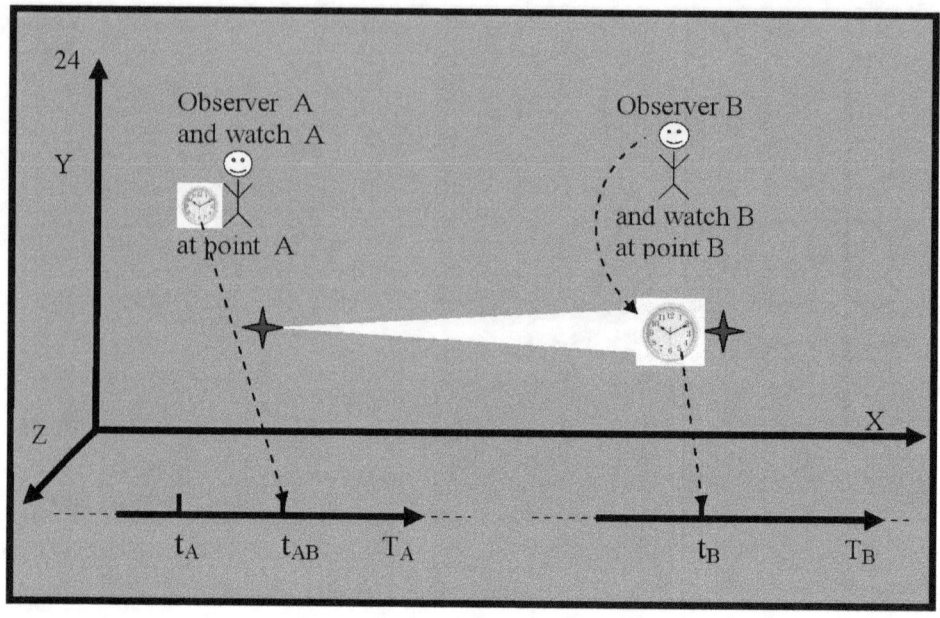

In Fig. 24 zeigt ein gestrichelter Pfeil den Zeitpunkt t_{AB} bei Uhr an A.

Wenn wir davon ausgehen, dass Uhr B und Armbanduhr A dieselbe Zeit messen und anzeigen, dann muss der Zeitpunkt der Zeit t_B gleich dem Zeitpunkt der Zeit sein t_{AB}.

Es stellen sich zwei Fragen.

Die erste Frage lautet:

Kann ein Beobachter B verstehen, dass t_B er gleich ist t_{AB}, und eine Übereinstimmung des Ereignisses „das zu einem bestimmten Zeitpunkt eintritt t_B" mit dem Ereignis „das zu einem bestimmten Zeitpunkt eintritt t_{AB}" erkennen?

Die Antwort ist nein. Ein Beobachter B kann die Ablesungen der Zeiger einer Uhr eines Beobachters A, die einen bestimmten Zeitpunkt anzeigen, nicht sehen t_{AB}.

Siehe Abbildung 25

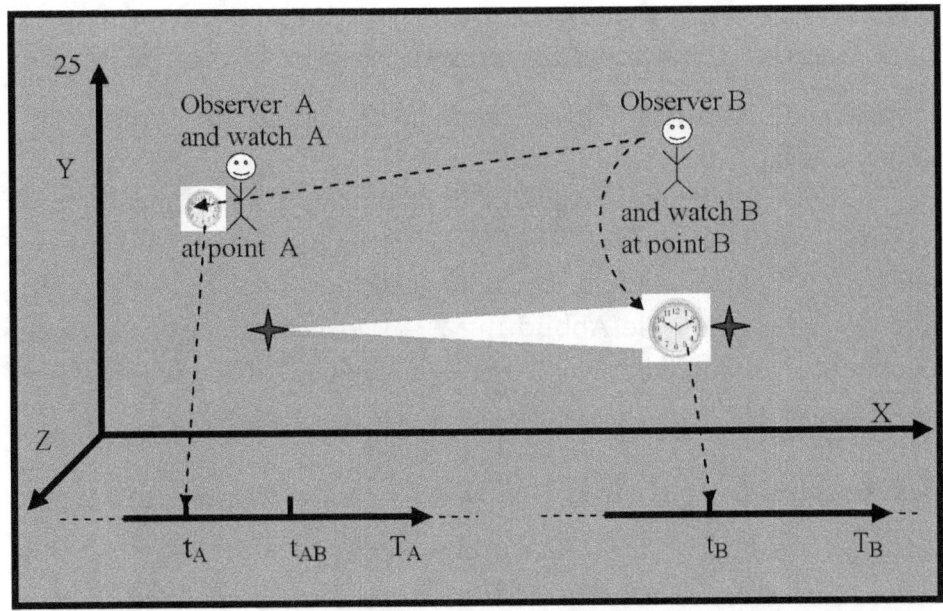

Abbildung 25 zeigt, dass ein Beobachter B die Ablesungen der Zeiger einer Uhr sieht A, die einen bestimmten Zeitpunkt anzeigen t_A. Denn wenn ein Beobachter B auf die Uhr eines Beobachters schaut A, sieht er das Lichtbild einer Uhr A. Wir haben bereits erklärt, dass es Licht ist, das vom Zifferblatt einer Uhr reflektiert wird A und Informationen über die Ablesungen der Zeiger einer Uhr trägt A. Das Lichtbild einer Uhr A bewegt sich mit Beginn des Lichtpulses mit. Der Beginn des Pulses und das Bild werden B zusammen an einem Punkt ankommen, und dies wird zu einem Zeitpunkt geschehen, der t_B von einer Uhr gemessen wird B.

Kurz gesagt, wenn der Lichtimpuls eine Uhr beleuchtet B, sieht ein Beobachter B auf seiner Uhr B einen bestimmten Zeitpunkt t_B und auf einer Uhr A einen bestimmten Zeitpunkt t_A. An diesem Punkt unseres Experiments kann der Beobachter B nicht beweisen, dass die Uhren synchronisiert sind.

Die zweite Frage lautet:

Kann ein Beobachter A wissen, dass der t_{AB} von seiner Uhr gemessene Zeitpunkt A gleich dem t_B von einer Uhr gemessenen Zeitpunkt ist B?

Die Antwort ist nein. Das liegt daran, dass ein Beobachter A auf die Uhr schaut B, aber dort ist es dunkel. Es ist dunkel, weil der reflektierte Lichtstrahl noch keinen Beobachter erreicht hat A. Betrachten Sie Abbildung 23. Wenn der Lichtstrahl zum Beobachter zurückkehrt A, wird der Beobachter erst dann A den Zeitpunkt t_B auf der Uhr sehen B. Wenn ein Beobachter A den Zeitpunkt t_B auf einer Uhr sieht B, wird er auf seine eigene schauen clock und vergleicht die Zeit t_B auf clock B mit der Zeit auf seiner eigenen Uhr A. Die Uhr eines Beobachters A zeigt einen Zeitpunkt an t'_A, der nicht gleich dem Zeitpunkt t_B ist und der nicht gleich dem Zeitpunkt ist t_{AB}. Ein Beobachter A kann die Koinzidenz des Uhrzeitereignisses t_B mit dem Uhrzeitereignis B nicht t_{AB} sehen A. Dies liegt daran, dass sich Licht mit einer Geschwindigkeit von dreihunderttausend Kilometern pro Sekunde fortbewegt und die Entfernung von Punkt B zu Punkt A in einem Echtzeitintervall zurücklegt. Dieses echte Intervall ist eine Verzögerung, die die Uhr A zählt. Ein Beobachter A kann die Zeit nicht bestimmen t_{AB} und die beiden Uhren nicht synchronisieren.

In diesem Stadium des Experiments können die Beobachter A die B beiden Uhren nicht synchronisieren

Der Anfang des Lichtstrahls wird vom Zifferblatt einer Uhr reflektiert B und beginnt sich auf einen Beobachter zuzubewegen A.

Siehe Abbildung 26.

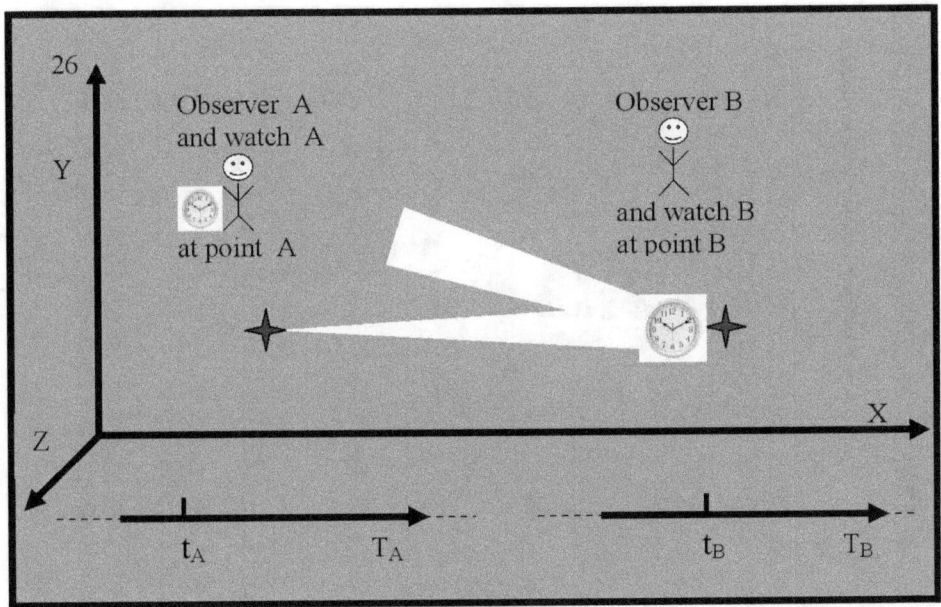

In Abbildung 26 ist zu sehen, dass die Uhrzeit A nicht auf der Zeitachse einer Uhr dargestellt t_{AB} wird, da sie nicht definiert ist.

Der Beginn des Lichtstrahls enthält Informationen über die Ablesungen der Zeiger einer Uhr B.

Der Anfang des Lichtstrahls trifft auf einen Beobachter A, Siehe Abbildung 27.

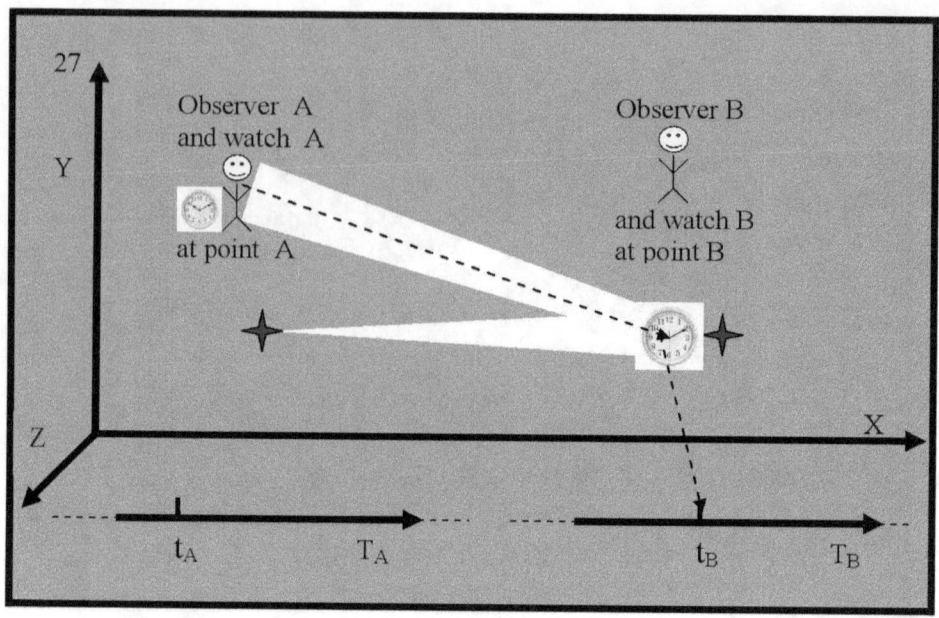

Abbildung 27 zeigt, dass ein Beobachter A das helle Bild eines Zifferblatts B und die Ablesungen der Zeiger einer Uhr sieht B, die einen bestimmten Zeitpunkt anzeigen t_B.

Beobachter A, der auf seine Uhr schaut, sieht, dass dies zu einem bestimmten Zeitpunkt geschieht t'_A.

Siehe Abbildung 28.

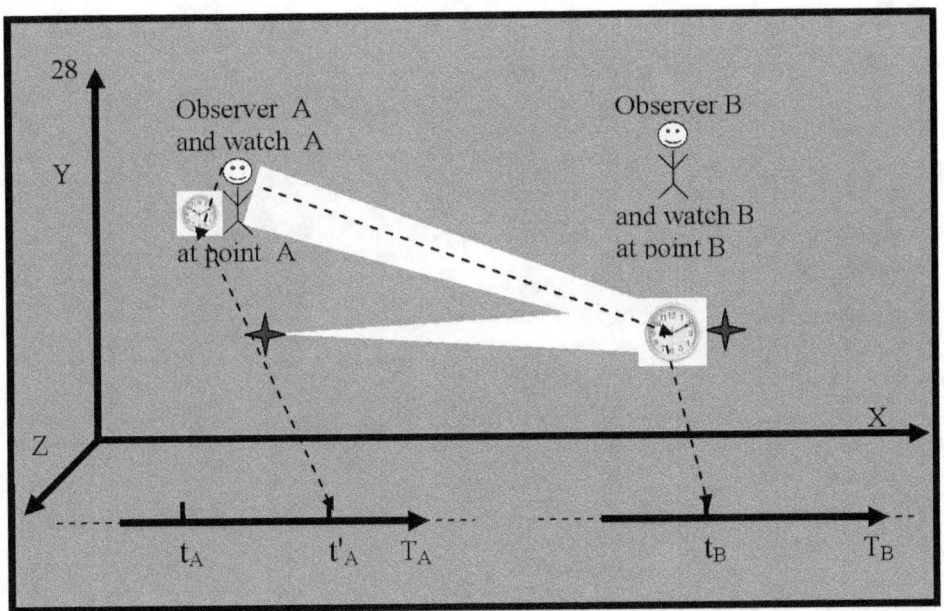

Wenn ein Beobachter A die Ablesungen der Zeiger seiner Uhr sieht A, die einen Zeitpunkt anzeigen, zeigen t'_A die Zeiger einer Uhr B auf einen bestimmten Zeitpunkt t_{BA}.

Siehe Abbildung 29.

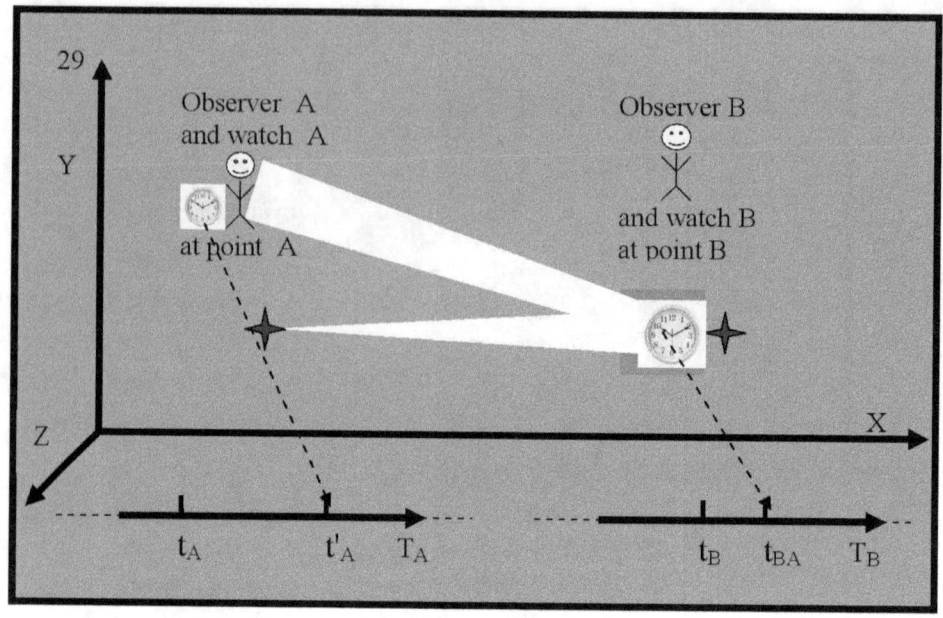

Abbildung 29 zeigt, was ein Beobachter A gemäß seiner Uhr sieht, und was ein Beobachter B gemäß seiner Uhr sieht.

Wenn wir davon ausgehen, dass die Uhren synchron arbeiten, dann t_{BA} muss der Zeitpunkt gleich dem Zeitpunkt sein t'_A.

Es stellen sich zwei Fragen.
Die erste Frage lautet:

Kann ein Beobachter A wissen, dass der t'_A von seiner Uhr gemessene Zeitpunkt A gleich dem t_{BA} von Uhr B gemessenen Zeitpunkt ist?

Die Antwort ist nein.

Das liegt daran, dass ein Beobachter A auf eine Uhr schaut B, dort aber einen Zeitpunkt sieht t_B, durch den ein Beobachter A die Zeit bestimmt t'_A. Das Lichtbild der Ablesungen der Zeiger einer Uhr B, die den Zeitpunkt anzeigen t_{BA}, ist bei einer Uhr B.

Wenn das Lichtbild der Ablesungen der Zeiger einer Uhr

B, die den Zeitpunkt anzeigen t_{BA}, an einen Beobachter zurückgegeben wird, wird der Beobachter A nur dann A den Zeitpunkt t_{BA} auf der Uhr sehen B. Aber wenn dies passiert, zeigt die Uhr A eine völlig andere Zeit an. Beobachter A, kann die **zeitliche Übereinstimmung des Ereignisses** mit dem t'_A Ereignismoment nicht sehen t_{BA}.

Ein Beobachter A kann nicht sagen und beweisen, dass die Uhren synchronisiert sind.

Die zweite Frage lautet:

Kann ein Beobachter irgendwie B wissen, dass der t_{BA} von einer Uhr gemessene Zeitpunkt B gleich dem t'_A von einer Uhr gemessenen Zeitpunkt ist A?

Die Antwort ist nein.

Dies liegt daran, dass ein Beobachter B auf die Uhr schaut A und die Zeiger der Uhr sehen A wird, die eine Zeit anzeigen t_{AB}, die sich von time unterscheidet t'_A. Der numerische Wert des Zeitpunkts t_{AB} wird irgendwo zwischen dem Zeitpunkt t_A und dem Zeitpunkt liegen t'_A.

Siehe Abbildung 30.

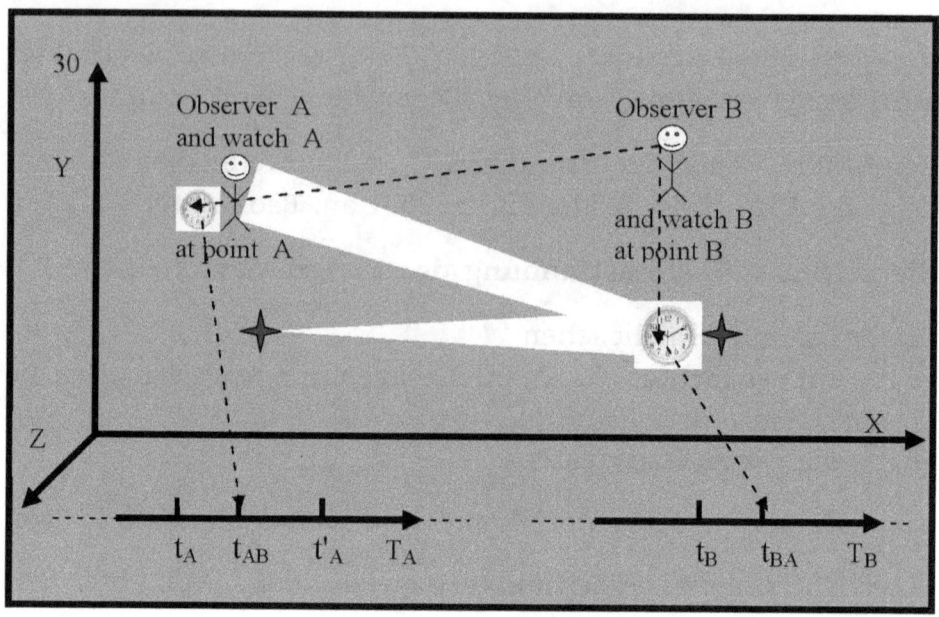

Abbildung 30 zeigt, was ein Beobachter sehen würde B.

Auf einer Uhr A sieht er einen bestimmten Zeitpunkt t_{AB}, auf einer Uhr B sieht er einen bestimmten Zeitpunkt t_{BA}. Der Zeitpunkt t_{AB} unterscheidet sich vom Zeitpunkt t_{BA}.

Wir beendeten das zweite Experiment, das wir im Dunkeln durchführten. Ausführlich und detailliert haben wir die Bewegung des Lichtstrahls analysiert und verstanden, wie die Zeitpunkte auf den beiden Uhren gezählt werden. Wir werden die Ergebnisse zusammenfassen.

Siehe Abbildung 31.

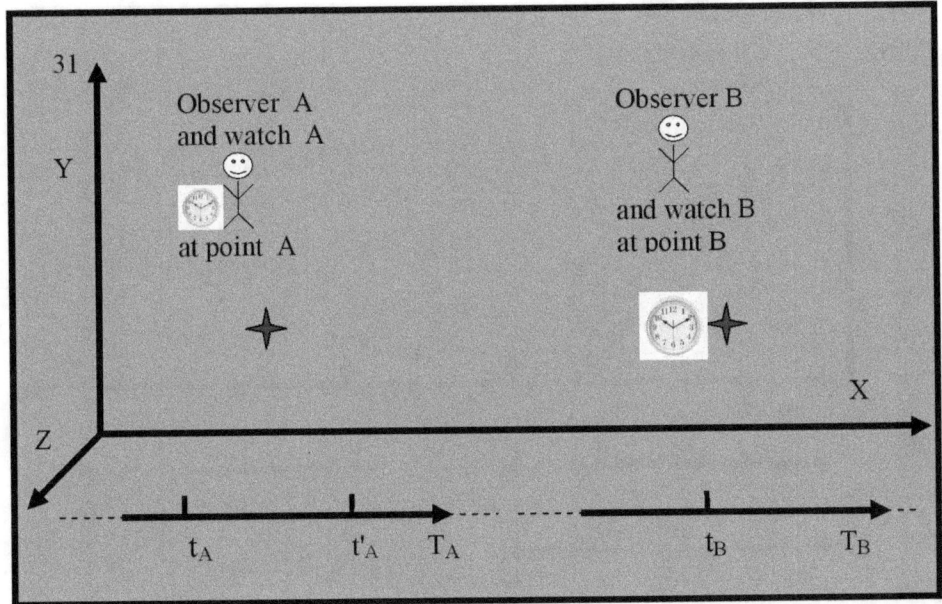

In Abbildung 31 ist dargestellt, welche Zeitpunkte ein Beobachter A durch seine Uhr sah und welche Zeitpunkte ein Beobachter B durch seine Uhr sah.

Ein Beobachter B sah auf seiner Uhr einen Moment, in t_B dem das Zifferblatt einer Uhr beleuchtet war B.

Beobachter A sah auf seiner Uhr einen Zeitpunkt t_A – das Erscheinen des Lichtstrahls, einen Zeitpunkt – die t'_A Rückkehr des Lichtstrahls und den Zeitpunkt t_B – von einer Uhr B.

Wir werden diese Tatsache in der nächsten Abbildung zeigen und "Licht" analysieren.

Siehe Abbildung 32.

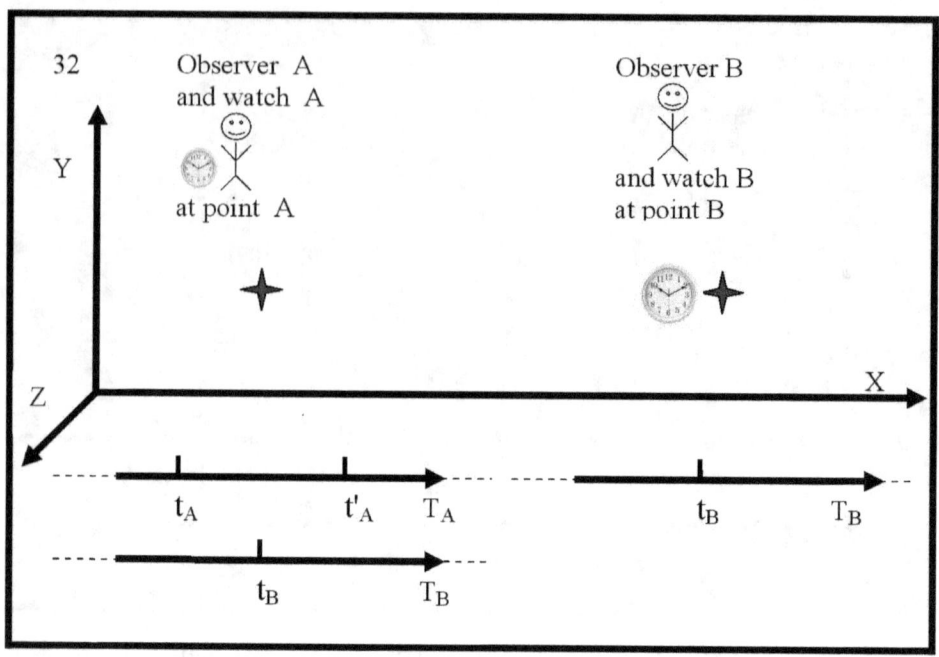

In 32 ist zu sehen, dass unter einem Beobachter B ein Zeitvektor mit einem t_B von einem Beobachter gesehenen Zeitpunkt gezeigt ist B.

Unterhalb des Beobachters A werden zwei Zeitvektoren und die Zeitpunkte angezeigt, die der Beobachter gesehen hat A. Der zweite Vektor ist der eines Beobachters B. Auf diese Weise können die beiden Vektoren und die Momente auf ihnen verglichen werden.

Ein Zeitpunkt t_B, der auf einem Vektor liegt, T_B kann nicht auf den Zeitvektor gelegt werden t_A. Dies liegt daran, dass die beiden Vektoren von zwei verschiedenen Uhren stammen und unabhängig sind. Dies ist sehr wichtig und sollte nicht vergessen werden. In Physikbüchern zeigen sie einen Zeitvektor, und auf diesem Vektor zeigen sie die Zeit vieler verschiedener Uhren. Das ist ein Fehler. Jede einzelne Uhr muss ihren eigenen Zeitvektor haben. Auf diese Weise sind die Zeitanalysen wahr und klar.

Wenn Uhren synchron arbeiten, müssen sie die gleichen

Zeitpunkte anzeigen.
Siehe Abbildung 33.

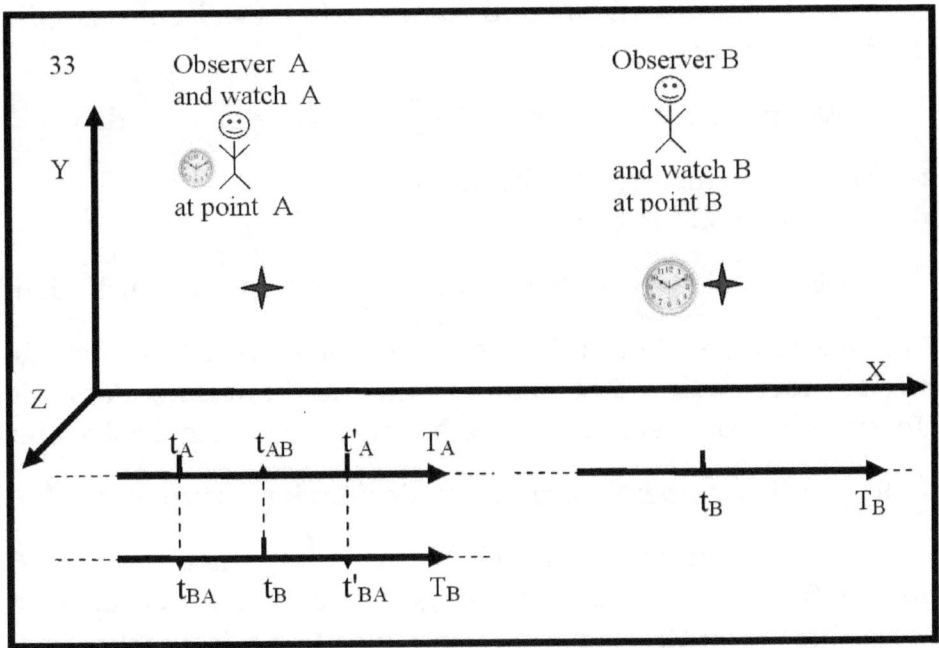

Abbildung 33 zeigt das zwischen den beiden Zeitvektoren T_A und T_B gestrichelte Pfeile werden eingefügt. Die Pfeile zeigen die Beziehung zwischen den verschiedenen Zeitpunkten auf den beiden Uhren.

Wenn eine Uhr A einen Zeitpunkt anzeigt t_A, dann B zeigt eine Uhr einen Zeitpunkt an t_{BA}.

Siehe Abbildung 33.

Der Zahlenwert eines Zeitpunkts t_A muss gleich dem Zahlenwert eines Zeitpunkts sein t_{BA}. Diese Gleichheit ist **die erste notwendige Bedingung**, um zu beweisen, dass die Uhren synchronisiert sind. Das bedeutet, dass ein Beobachter A das Zusammentreffen dieser beiden Ereignisse gesehen haben muss. Übereinstimmung des Ereigniszeitpunkts t_A mit dem Ereigniszeitpunkt t_{BA}. In der von uns durchgeführten Analyse haben wir gezeigt und bewiesen, dass ein Beobachter A die

Koinzidenz dieser beiden Ereignisse nicht sehen und auch nicht beweisen kann. Ein Beobachter A kann **die erste** notwendige Bedingung nicht erfüllen und kann nicht beweisen, dass die Uhren synchronisiert sind.

Wenn eine Uhr B einen Zeitpunkt anzeigt t_B, dann A zeigt eine Uhr einen Zeitpunkt an t_{AB}.

Siehe Abbildung 33.

Der Zahlenwert eines Zeitpunkts t_B muss gleich dem Zahlenwert eines Zeitpunkts sein t_{AB}. Diese Gleichheit ist **die zweite notwendige Bedingung**, um zu beweisen, dass die Uhren synchronisiert sind. Dies bedeutet, dass ein Beobachter B die zeitliche Übereinstimmung des Ereigniszeitpunkts t_B mit dem Ereigniszeitpunkt sehen muss t_{AB}. In der von uns durchgeführten Analyse haben wir gezeigt und bewiesen, dass ein Beobachter B die Koinzidenz dieser beiden Ereignisse nicht sehen und auch nicht beweisen kann. Ein Beobachter B kann die **zweite** notwendige Bedingung nicht erfüllen und kann nicht beweisen, dass die Uhren synchronisiert sind.

Wenn eine Uhr A einen Moment in der Zeit anzeigt t'_A, dann B zeigt eine Uhr einen Moment in der Zeit t'_{BA}.

Siehe Abbildung 33.

Der Zahlenwert eines Zeitpunkts t'_A muss gleich dem Zahlenwert eines Zeitpunkts sein t'_{BA}. Diese Gleichheit ist **die dritte notwendige Bedingung**, um zu beweisen, dass die Uhren synchronisiert sind. Das bedeutet, dass ein Beobachter A das Zusammentreffen dieser beiden Ereignisse gesehen haben muss. Koinzidenz des Moment-in-Time- t'_A Ereignisses mit dem Moment-in-Time-Ereignis t'_{BA}. In der von uns durchgeführten

Analyse haben wir gezeigt und bewiesen, dass ein Beobachter A die Koinzidenz dieser beiden Ereignisse nicht sehen und auch nicht beweisen kann. Ein Beobachter kann A **die dritte notwendige Bedingung** nicht erfüllen und kann nicht beweisen, dass die Uhren synchronisiert sind.

Unsere Analyse hat gezeigt, dass ein Beobachter A und ein Beobachter B die drei Bedingungen nicht erfüllen und ihre Uhren nicht synchronisieren können.

Nun mögen einige Leser einwenden, dass wir drei neue Bedingungen für den Synchronbetrieb eingeführt haben, während laut Albert Einstein zur Synchronisierung der Uhren nur eine Bedingung erfüllt sein muss, nämlich:

$$t_B - t_A = t'_A - t_B$$

Ja, so ist es.

Gemäß der Methode von Albert Einstein liegt, wenn die Gleichheit wahr ist, t_B in der Mitte des Intervalls zwischen t_A und t'_A, daher sind die Uhren synchronisiert.

Nun werden wir durch ein paar Zahlen zwei sehr wichtige Dinge zeigen:

Zuerst.

werden zeigen, dass der Zeitpunkt t_B in der Mitte des Intervalls zwischen t_A und liegen t_B kann und die Uhren dennoch **nicht** synchronisiert sind.

Zweite.

Wir werden zeigen, dass der Zeitpunkt t_B möglicherweise **nicht** in der Mitte des Intervalls zwischen t_A und liegt und t'_A die Uhren dennoch synchronisiert **sind**.

Wenn wir diese beiden Dinge sehen, wissen wir, dass die Methode von Albert Einstein falsch ist.

Zuerst zeigen wir synchron laufende Uhren.

Siehe Abbildung 34.

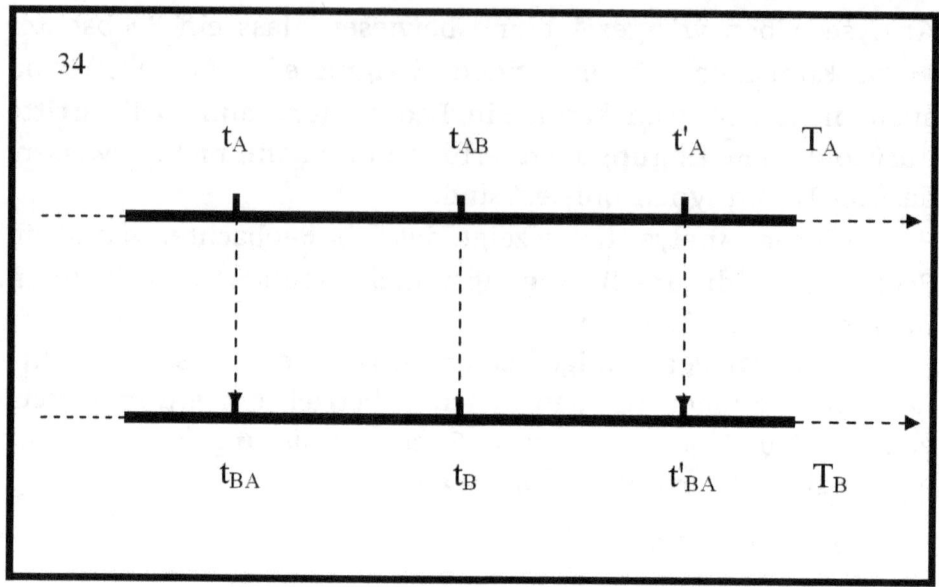

In Fig. 34 sind der Uhrzeitvektor A a , der ist T_A, und der Uhrzeitvektor a B, der ist, gezeigt T_B.

Die Zeitpunkte von Uhr A und Uhr B fallen zusammen. Zeitpunkt t_B ist gleich Zeitpunkt t_{AB} und t_B liegt in der Mitte des Intervalls zwischen t_A und t'_A. Alle Bedingungen für einen synchronen Betrieb der Uhren sind erfüllt. Die Uhren arbeiten synchron.

In der nächsten Abbildung sind noch einmal die Zeitvektoren und Zeitpunkte der beiden Uhren dargestellt.

Siehe Abbildung 35.

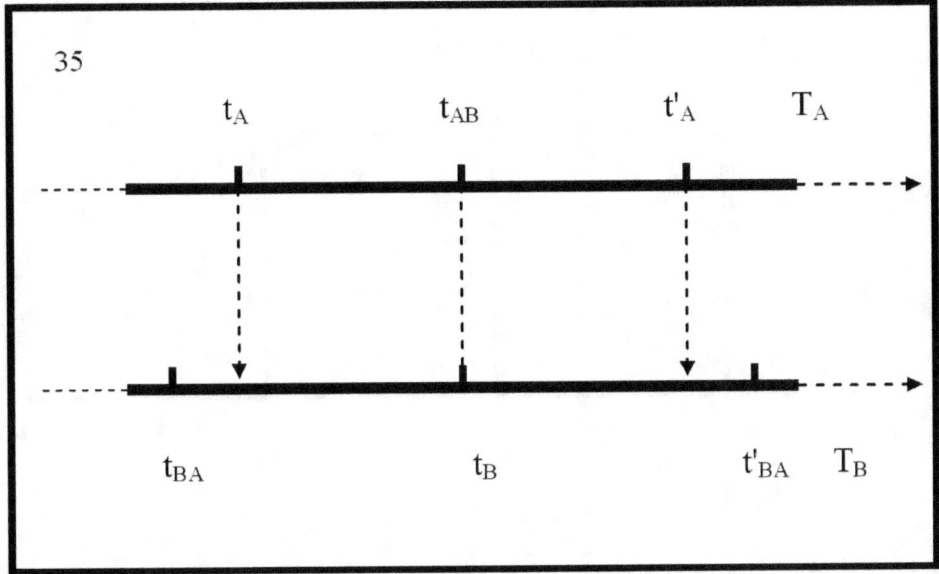

In 35 ist zu sehen, dass der Zeitpunkt t_A nicht mit dem Zeitpunkt zusammenfällt t_{BA} und der Zeitpunkt t'_A nicht mit dem Zeitpunkt zusammenfällt t'_{BA}. Nur der Zeitpunkt t_B fällt mit dem Zeitpunkt zusammen t_{AB} und liegt in der Mitte des Intervalls zwischen t_A und t'_A. Laut Albert Einstein sind t_B die Uhren synchronisiert, wenn er in der Mitte ist. Aber wir sehen, dass sie nicht synchronisiert sind. Bei der Durchführung von Einsteins Experiment ist es möglich, dieses Ergebnis zu erhalten, bei dem der Forscher nicht verstehen kann, dass ein Fehler vorliegt.

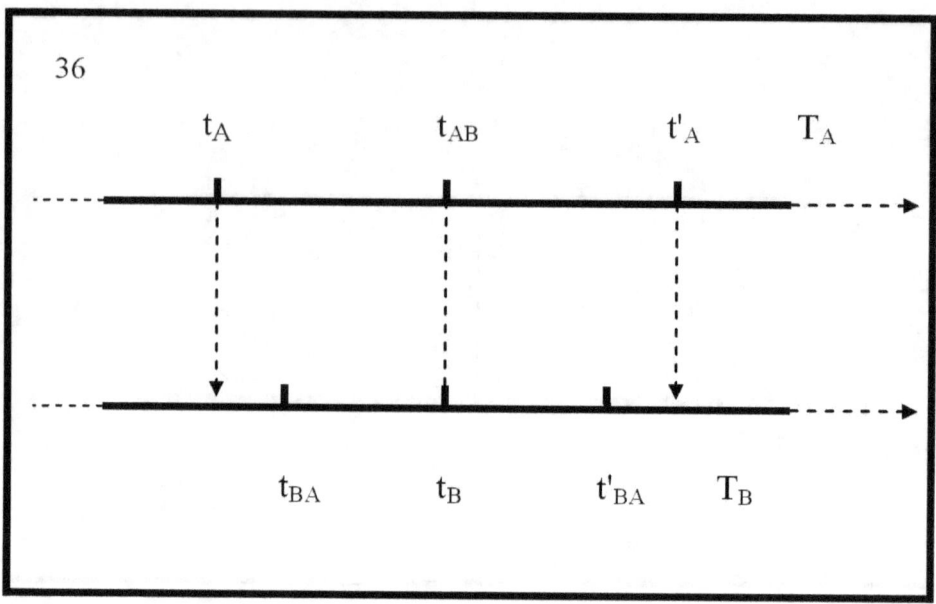

In Abbildung 36 sehen wir, dass der Moment t_A nicht mit dem Moment zusammenfällt t_{BA} und der Moment t'_A nicht mit dem Moment zusammenfällt t'_{BA}. Der Moment t_B fällt mit dem Moment zusammen t_{AB} und liegt in der Mitte des Intervalls zwischen t_A und t'_A, aber die Uhren sind nicht synchronisiert.

Siehe Abbildung 37.

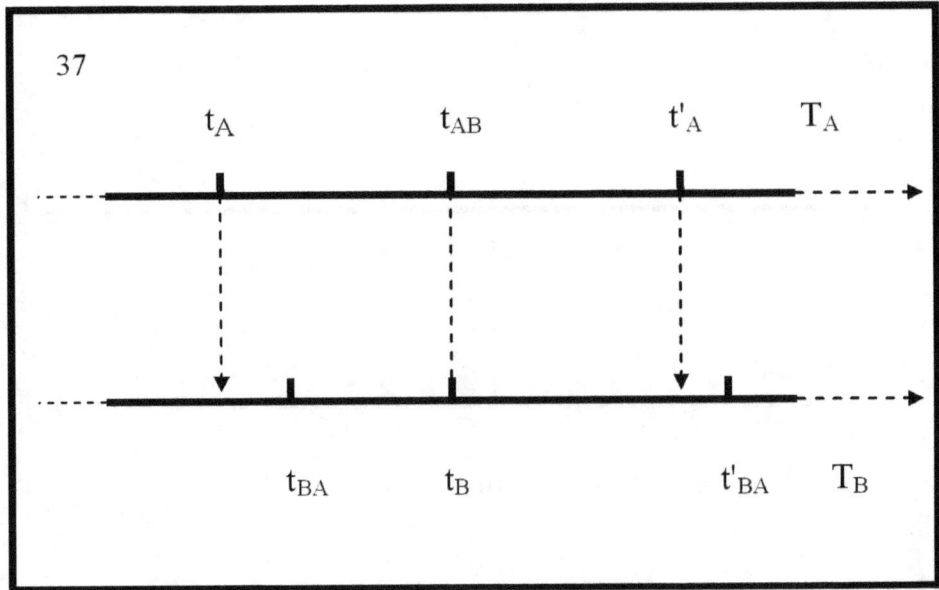

In Abbildung 37 sehen wir, dass der Moment t_A nicht mit dem Moment zusammenfällt t_{BA} und der Moment t'_A nicht mit dem Moment zusammenfällt t'_{BA}. Der Moment t_B fällt mit dem Moment zusammen t_{AB} und liegt in der Mitte des Intervalls zwischen t_A und t'_A, aber die Uhren sind nicht synchronisiert.

Sehen wir uns nun Abbildung 38 an:

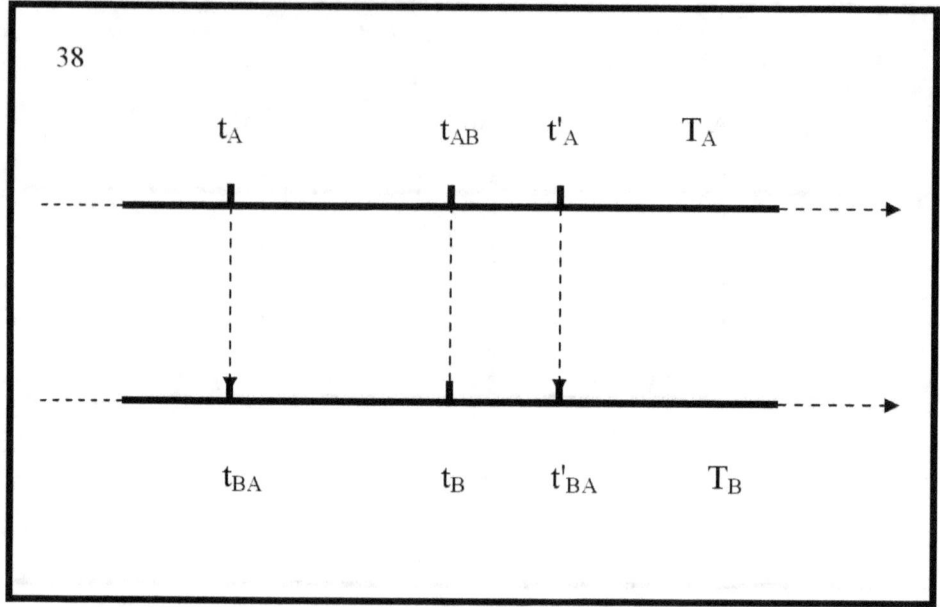

Abbildung 38 zeigt, dass der Moment t_A mit dem Moment zusammenfällt, in dem t_{BA} die erste Bedingung erfüllt ist, der Moment t_B mit dem Moment zusammenfällt t_{AB}, ist die zweite Bedingung erfüllt, der Moment t'_A fällt mit dem Moment zusammen t'_{BA}, die dritte Bedingung ist erfüllt.

Alle drei Zeitmomente einer Uhr A fallen mit den drei Zeitmomenten einer Uhr zusammen B, was bedeutet, dass die **Uhren synchronisiert sind**. Aber wir sehen, dass der Moment t_B, der mit dem Moment zusammenfällt t_{AB}, **nicht** in der Mitte des Intervalls zwischen t_A und liegt t'_A. Laut Albert Einstein sind t_B die Uhren nicht synchronisiert, wenn der Zeitpunkt, nicht in der Mitte des Intervalls zwischen t_A und liegt. t'_A Es stellt sich die Frage, wer hat recht? Wir oder Albert Einstein? Urteile selbst.

Einige der Leser, die das gelesen haben, was ich geschrieben habe, werden vielleicht einwenden, dass dies sehr detaillierte Analysen und unnötig komplizierte Argumentationen sind.

Ich bin mit einem solchen Einwand nicht einverstanden.

Ich bin anderer Meinung, weil wir die Prinzipien und Grundlagen der Tory of Relativity analysieren.

Die Relativitätstheorie in ihrer vollendeten Form berücksichtigt alle Wirkungen, die mit der physikalischen Zeit zusammenhängen. In der Relativitätstheorie ist die Zeit eine veränderliche Größe. Die Geschwindigkeit der Zeit ist unterschiedlich und hängt von der Schwerkraft und der Geschwindigkeit ab, mit der sich verschiedene physische Körper relativ zueinander bewegen.

In der Relativitätstheorie gibt es zum Beispiel das Phänomen des Schwarzen Lochs. In einem Schwarzen Loch ist die Zeitgeschwindigkeit null, und jede Sekunde wird zu einem unendlich langen Zeitintervall.

Daher müssen bei der Synchronisierung von Uhren, die die Zeit in der Relativitätstheorie messen, die Synchronisierungsmethoden sehr präzise sein. Alle Aktionen, die durchgeführt werden und auf Synchronisation abzielen, müssen sorgfältig analysiert werden. Mehrdeutigkeiten und Ungenauigkeiten sind nicht gestattet.

4. LÖSUNG DES PROBLEMS

Für den Nachweis des Synchronlaufs von mindestens zwei Uhren sind verschiedene Kriterien möglich.

Es ist wichtig zu wissen und immer daran zu denken:

Erstens:

Die Menge der möglichen Kriterien zum Nachweis synchroner Bewegungen ist unendlich groß.

Siehe „Zeit. Platz. Bewegung. Sich ausruhen. Relativität. Absolut" LAP LAMBERT Academic Publishing (2018-08-30)

Zweitens:

Die Definition spezifischer Kriterien erfolgt durch den Forscher. Die Wahl einer bestimmten Methode hängt von den zu lösenden wissenschaftlichen und Forschungsaufgaben ab. Die Wahl des Weges (Methode) ist immer eine Konvention, also eine Vereinbarung zwischen mindestens zwei Forschern.

Drittens:

Das Synchronitätskriterium gilt für den Bewegungszustand von mindestens zwei Dingen. Das Synchronitätskriterium kann nicht auf den Ruhezustand angewendet werden.

Viertens:

Das Kriterium für den *synchronen Betrieb* von mindestens zwei Uhren ist etwas anderes als das Kriterium für die *gleichzeitige und genaue Zeitmessung* durch mindestens zwei Uhren.

Wir betrachten und analysieren die klassischen Kriterien zur Überprüfung des Synchronlaufs von mindestens zwei Uhren.

EINSTEINS ERSTER FEHLER

Anhand von Figuren zeigen wir, wie Bewegungen synchronisiert werden.

Siehe Abb. 3 9.

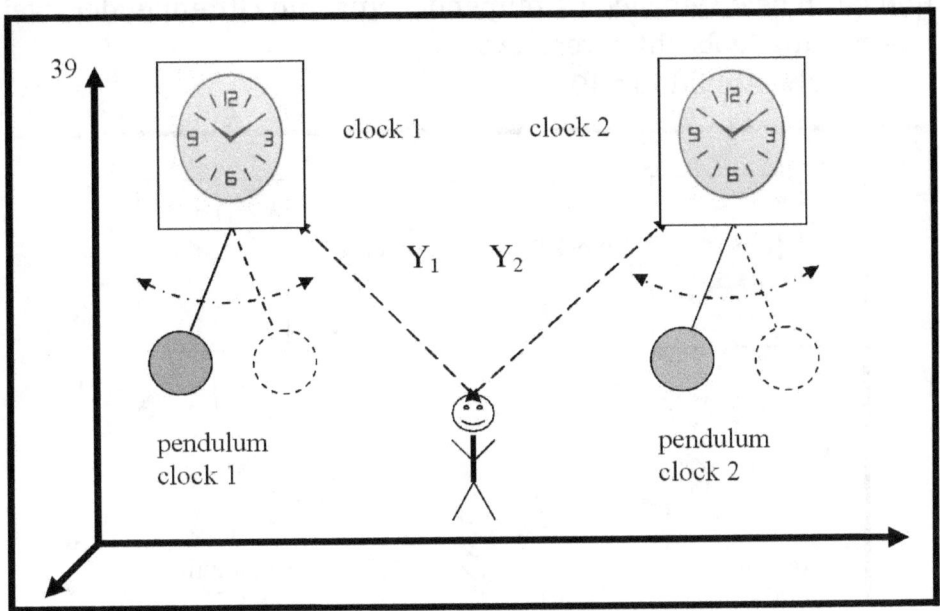

In Abbildung 3 9 sind zwei mechanische Uhren zu sehen. Mechanische zyklische Uhren sind solche, die ein Pendel haben.

Siehe „Zeit. Platz. Bewegung. Sich ausruhen. Relativität. Absolut" LAP LAMBERT Academic Publishing (2018-08-30)

zu sehen, der von den Uhren gleich weit entfernt ist. Der Abstand Y_1 ist gleich dem Abstand Y_2.

Der Betrachter wird genau definiert relativ zu den Uhren positioniert. Die Art und Weise, wie der Beobachter positioniert ist, ermöglicht es dem Beobachter, Uhrpendel eins und Uhrpendel zwei zu sehen.

Clock Pendulum One und Clock Pendulum Two sind ganz links positioniert.

Die gestrichelte Linie zeigt die Position ganz rechts, an der das Pendel bei Uhr eins schwingen wird, und die Position ganz rechts, an der das Pendel bei Uhr zwei schwingen wird.

In der äußersten rechten Position und in der äußersten

linken Position sind Uhrenpendel eins und Uhrenpendel zwei in Ruhe.

Im allgemeinen Fall können die Uhren asynchron sein, und dann bewegen sich Uhrenpendel eins und Uhrenpendel zwei relativ zum Beobachter versetzt.

Siehe Abbildung 40.

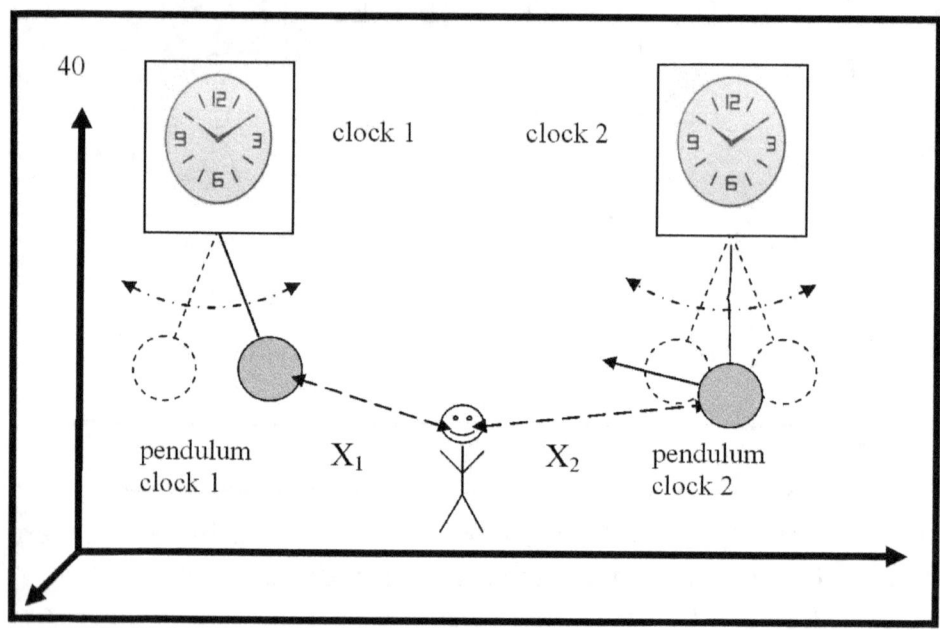

Abbildung 40 zeigt, dass Uhrpendel eins relativ zum Beobachter in Ruhe ist. Aber in der Figur ist gezeigt, dass das Pendel von Uhr zwei sich weiter bewegt und sich dem Beobachter nähert. Der Abstand X_1 ist kleiner als der Abstand X_2.

In diesem Fall muss der Beobachter die notwendigen Maßnahmen ergreifen, um eine Koinzidenz des Ereignisses „Ruhezustand von Pendel eins" mit dem Ereignis „Ruhezustand von Pendel zwei" zu erhalten. Dies kann auf unterschiedliche Weise erfolgen. Wir werden die Verfahren nicht beschreiben, die durchgeführt werden müssen, um übereinstimmende Ereignisse zu erhalten. Wir analysieren ein Verfahren zur Überprüfung des Synchronlaufs der beiden Uhren.

Wir betrachten einen experimentellen Fall, in dem

angenommen wird, dass die Uhren synchronisiert sind und verifiziert werden müssen.

Siehe Abbildung 41

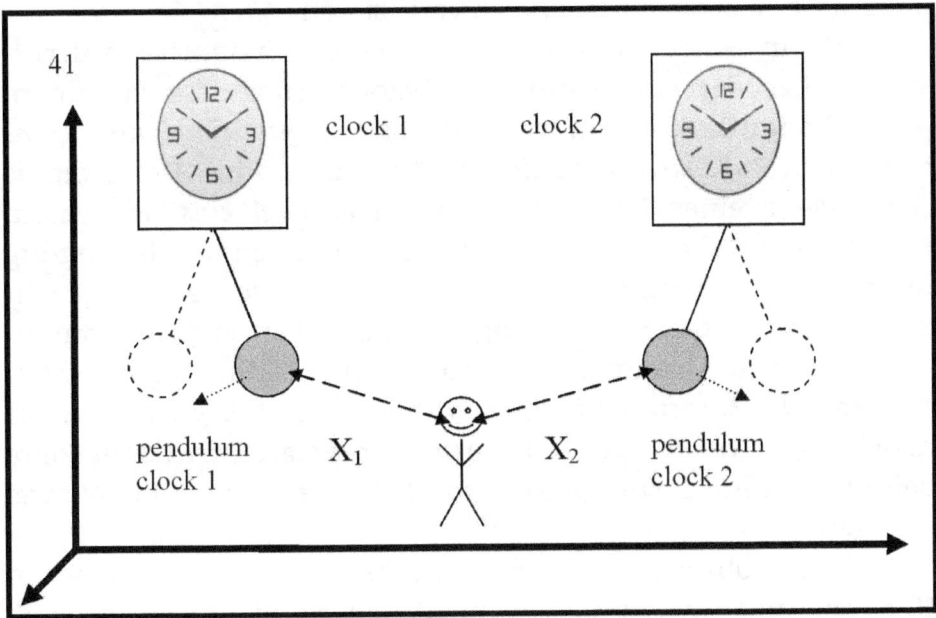

Abbildung 41 zeigt Uhrpendel eins und Uhrpendel zwei, die sich in entgegengesetzte Richtungen bewegen. Wenn sich das Pendel von Uhr eins nach links bewegt, bewegt sich das Pendel von Uhr zwei nach rechts. Der Beobachter beobachtet die Bewegung der Pendel der beiden Uhren. Der Beobachter muss feststellen, dass die Bewegung der beiden Pendel synchron ist. Der Beobachter muss Kriterien für die synchrone Bewegung von Pendel eins und Pendel zwei auswählen. Dies geschieht auf folgende Weise.

Der Beobachter bemerkt, dass, wenn das Uhrenpendel eins dem Beobachter am nächsten ist, das Uhrenpendel eins relativ zum Beobachter in Ruhe ist und sich dann in die entgegengesetzte Richtung zu bewegen beginnt.

Wenn Uhrenpendel zwei dem Beobachter am nächsten ist, ruht Uhrenpendel zwei relativ zum Beobachter und beginnt sich dann in die entgegengesetzte Richtung zu bewegen. Der Zustand der Räume im ersten Schlafzimmer und der Zustand der Räume im zweiten Schlafzimmer sind zwei verschiedene Ereignisse. Der Beobachter hat die Möglichkeit, die Koinzidenz der beiden Ereignisse zu beobachten und zu verifizieren.

Wenn eine Koinzidenz der beiden Ereignisse auftritt, verschmilzt der Beobachter die beiden Ereignisse zu einem neuen Ereignis, das "Koinzidenz eines *Ruhependelereignisses eins* mit einem *Ruhependelereignis zwei* " genannt wird. Das Ereignis „Koinzidenz eines Ereignisses bei *Ruhependel eins* mit einem Ereignis bei *Ruhependel zwei* " ist eine notwendige Bedingung für den Beobachter, um zu beweisen, dass die Bewegung von Pendel eins mit der Bewegung von Pendel zwei synchron ist. Aber das ist nicht genug. Eine hinreichende Bedingung ist, wenn das Ereignis „Zusammenfallen des Ereignisses *Ruhependel eins* mit dem Ereignis *Ruhependel zwei* " ein weiteres Mal eintritt. Dies sollte beim nächsten Schwungzyklus von Pendel eins und Pendel zwei erfolgen.

Der Beobachter weiß, dass die Bewegung des Pendels von Uhr eins und Uhr zwei noch nicht synchronisiert ist, deshalb überwacht der Beobachter weiterhin sorgfältig die Bewegung von Pendel eins und Pendel zwei. Der Beobachter erwartet, dass im nächsten Zyklus der Bewegung von Pendel eins und Pendel zwei zum zweiten Mal wieder das Ereignis „Koinzidenz von *Ruhependel eins* mit *Ruhependel zwei* " eintritt

Ruhependel eins mit *Ruhependel zwei* " noch einmal eintritt (zum zweiten Mal in gleicher Weise), dann kann der Beobachter darauf schließen Die Bewegung des ersten Pendels ist synchron mit der Bewegung des zweiten Pendels.

Es ist wichtig zu wissen und sich daran zu erinnern, dass der Beobachter das Ereignis "Koinzidenz von *Ruhependel eins* mit *Ruhependel zwei* " genau dann beobachten kann, weil (und wann) er sich in **gleichem Abstand** von den beiden Uhren befindet. Wenn diese Bedingung nicht erfüllt ist, kann die Übereinstimmung nicht beobachtet werden.

Die gezeigten Kriterien für synchrone Bewegungen sind elementar. Wesentlich komplexere Kriterien sind möglich. Die

Wahl liegt beim Forscher.

Wir haben ausführlich ein Verfahren beschrieben, mit dem es möglich ist, synchrone Bewegungen und synchronen Betrieb zweier Uhren zu bestimmen.

In den angegebenen Kriterien, die wir verwendet haben, wird der Begriff der Zeit nirgends verwendet. Dies geschieht ganz bewusst. Synchrone Bewegungen (Bewegung durch den Raum) brauchen nicht die Idee der physikalischen Zeit, um bewiesen oder widerlegt zu werden.

Das Phänomen Zeit braucht nachgewiesene synchrone Bewegungen. Wenn synchrone Bewegungen demonstriert werden, ist es möglich, das Phänomen der physikalischen Zeit zu analysieren.

5. ANALYSE
02.02.2022.

Diese Diskussion wurde am zweiten Februartag zweitausendzweiundzwanzig geführt. Es macht Spaß.

1905 veröffentlichte Einstein den Artikel „ Zur Elektrodynamik Beweger Körper ", Annalen _ der Physik , 1905 17, 891-921.
Im zweiten Absatz des Artikels definiert Einstein zwei Prinzipien der Speziellen Relativitätstheorie wie folgt:

Erstes Prinzip.

Die Gesetze, nach denen sich die Zustände physikalischer Systeme ändern, hängen nicht davon ab, auf welches der beiden relativ zueinander gleichförmig geradlinig bewegten Systeme sich diese Änderungen beziehen.

Zweites Prinzip.

Jeder Lichtstrahl bewegt sich in einem ruhenden Koordinatensystem mit einer bestimmten Geschwindigkeit V , unabhängig davon, ob dieser Strahl von einem ruhenden oder einem bewegten Körper ausgeht. Außerdem ist $velocity = \dfrac{beam..path}{time..interval}$ **„Zeitintervall" im Sinne der Definition in Absatz 1 zu verstehen.**

Hinweis: ($velocity = \dfrac{beam..path}{time..interval}$) = (Geschwindigkeit = Strahlweg / Zeitintervall)

Aber ich muss leider feststellen, dass Einstein in Absatz 1 keine Definition von „ **Zeitintervall** " gibt. Noch schlimmer ist, dass Einstein in Absatz eins nicht ein einziges Mal den Begriff „ **Zeitintervall** " verwendet. Und doch bestand Einstein darauf, dass **ein Zeitintervall** im Sinne von Absatz eins zu verstehen sei. Was bedeutet der Satz:

"**... ist im Sinne der Definition in Absatz 1 zu verstehen**".

Das kann keine Definition sein. Diese Art der Analyse ist nicht korrekt. Dies führt zu Missverständnissen und einer Reihe von Fehlern. Das bedeutet, dass verschiedene Forscher, wenn sie Absatz eins lesen, unterschiedliche Vorstellungen von einem **Zeitintervall bekommen** . Wenn sie andere Vorstellungen haben, denken sie anders über **das Zeitintervall** . Das ist richtig, es sollte nicht passieren. Menschen sind unterschiedlich und nehmen Matteninformationen unterschiedlich wahr. Das ist völlig normal und wird es immer sein. Aus diesem Grund sollte jeder einzelne Forscher möglichst klare, präzise und möglichst kurze Definitionen anbieten.

Dann liest der Leser die Definition, und in seinem Kopf entsteht eine klare Vorstellung von dem definierten Phänomen. Wenn die Darstellungen zweier Forscher eindeutig sind, können diese beiden Darstellungen identisch sein. Dies ist der Zweck jeder einzelnen Definition, die in der Wissenschaft geschaffen wird.

Einstein hat dieses Ziel nicht erreicht. Ich habe das Gefühl, dass er sich aus irgendeinem Grund eine solche Aufgabe nicht gestellt hat, und als ob er bewusst keine Definition des Begriffs "Zeitintervall" angeboten hätte. Einige Leser mögen argumentieren, dass dies nicht so wichtig ist und für die Spezielle Relativitätstheorie keine Rolle spielt. Ich werde so antworten: Ich stimme kategorisch nicht zu. **Das Zeitintervall** ist ein grundlegendes und wichtiges Konzept in der Speziellen Relativitätstheorie, vielleicht das wichtigere der beiden Prinzipien. **Das Zeitintervall** spielt eine Schlüsselrolle bei der Schaffung des mathematischen Apparats der

Speziellen Relativitätstheorie. Die mathematischen Ausdrücke sind elementar, und es ist leicht zu erkennen, dass bei der **Erstellung** der Relativitätstheorie das „ **Zeitintervall** " durch die Lorentz-Formel zur **physikalischen Zeit wird**. Einstein war der erste, der eine Definition des Begriffs der physikalischen Zeit vorschlug. Meiner Meinung nach ist dies sein Hauptbeitrag zur Wissenschaft. Die physikalische Zeit ist ein grundlegendes (grundlegendes, wichtiges) Konzept in der Speziellen Relativitätstheorie, in der Allgemeinen Relativitätstheorie und in der Wissenschaft der Physik. Niemand vor Einstein hatte die Hypothese aufgestellt, dass das Phänomen der PHYSIKALISCHEN ZEIT existiert.

Einstein formulierte diese Hypothese 1910 in dem Artikel „ Le principe de relativite ses results dans physique moderne " . In diesem Artikel verwendete Einstein Zeitintervalle und schuf durch sie die Hypothese der PHYSIKALISCHEN ZEIT.

Daher muss bei der Definition des Begriffs „Zeitintervall" die Definition vollkommen klar, vollkommen präzise, vollkommen präzise sein. Wenn Klarheit, Präzision und Genauigkeit fehlen, bedeutet dies, dass verborgene Hypothesen und detaillierte axiomatische Wahrheiten oder Halbdefinitionen vorhanden sein können. Dann treten die größten Irrtümer und Trugschlüsse in der Wissenschaft auf.

In der angegebenen Formel $t_B - t_A = t'_A - t_B$ wird das Zeitintervall definiert, nur und nur für eine Uhr A. In der angegebenen Formel gibt es kein Uhrzeitintervall B. Das Zeitintervall für Uhr A wird in versteckter Form und für Uhr verwendet B. Genau das nennt man eine versteckte Hypothese. Im ersten Teil des Artikels versuche ich aufzuzeigen, welche Konsequenzen diese versteckte Hypothese hat. Laut Einstein sind die Uhren synchronisiert, aber aus der Analyse, die wir durchgeführt haben, ist es sehr klar, dass die Uhren möglicherweise nicht synchronisiert sind. Dies ist ein klassisches Beispiel dafür, wie eine einzige Ungenauigkeit zu Unsicherheit in der gesamten Hypothese führt. Diese Unbestimmtheit verwandelt sich in eine Unrichtigkeit und hat

EINSTEINS ERSTER FEHLER

schwerwiegende Folgen für die Spezielle Relativitätstheorie, die Allgemeine Relativitätstheorie und die Wissenschaft der Physik.
Viele verschiedene Forscher haben die Spezielle Relativitätstheorie analysiert und ihre persönliche Einstellung zu Einsteins Hypothese gezeigt. Ein Teil sind Befürworter, ein anderer Teil sind Gegner. Beide sind sich einig, dass die beiden Prinzipien die wichtigsten sind und die Grundlage der Speziellen Relativitätstheorie bilden. Aber beide machen sehr oft den gleichen Fehler, nämlich dass sie das zweite Prinzip nicht vollständig zitieren. Sie bemerken nicht, dass der letzte Satz des Prinzips Teil des Prinzips selbst ist und ein **Zeitintervall darstellt**. Wenn sie ihn zitieren, achten sie nicht auf das Gesagte und analysieren es nicht.

Nochmals das zweite Prinzip:

Jeder Lichtstrahl bewegt sich in einem ruhenden Koordinatensystem mit einer bestimmten Geschwindigkeit V, unabhängig davon, ob dieser Strahl von einem ruhenden oder einem bewegten Körper ausgeht. Außerdem $velocity = \dfrac{beam..path}{time..interval}$ ist „Zeitintervall" im Sinne der Definition in Absatz 1 zu verstehen ".

Im letzten Satz des zweiten Prinzips (dem roten) verwendete Einstein zuerst den Begriff „ **Zeitintervall** " und behauptete unmittelbar danach, dass „ **Zeitintervall** " in Absatz eins definiert sei. Ich habe Absatz eins sehr sorgfältig und wiederholt gelesen. Ich wollte eine Definition von "Zeitintervall" finden. Leider habe ich keine solche Definition gefunden. Wenn es einem Leser gelingt, melden Sie sich bitte. Ich werde dankbar sein.
Ich kann eine solche Definition, wie sie auf diese Weise vorgeschlagen wird, nicht akzeptieren. Der Begriff **des Zeitintervalls o** bedarf einer relativitätstheoretisch prinzipiellen Definition. In der Relativitätstheorie ist ein „ **Zeitintervall** " eine bestimmte gemessene ZEITQUANTITÄT, eine QUALITÄT PHYSIKALISCHER ZEIT. Wobei QUALITÄT PHYSIKALISCHE ZEIT

relativ ist. Das Phänomen „ **Zeitintervall** " ist in ALLER EINE UNENDLICHE WIRKLICHKEIT vorhanden. Sie ist absolut gleichzeitig präsent und steht in Beziehung zur philosophischen Kategorie ZEIT und dem objektiv existierenden Phänomen ZEIT.

****

Das Intervall wird nur für eine Uhr definiert, und dieses Intervall muss gleich dem Intervall der anderen Uhr sein. Hier stellt sich die Frage, was die Gleichheit zweier Zeitintervalle bedeutet. Das Zusammentreffen zweier Zeitpunkte muss immer nachgewiesen werden . Die Startzeit des ersten Intervalls muss mit der Startzeit des zweiten Intervalls übereinstimmen, und die Endzeit des ersten Intervalls muss mit der Endzeit des zweiten Intervalls übereinstimmen. Dies wird als zeitliches Zusammenfallen von Ereignissen bezeichnet, was eine perfekte Idee von Einstein ist. Wenn die Koinzidenz bewiesen ist, kann man sagen, dass die beiden Intervalle gleich sind. Dies ist das Urteil, und im menschlichen Kopf entsteht eine Vorstellung von der Gleichheit zweier Zeitintervalle . Es muss immer daran erinnert werden, dass die Idee von etwas anders ist als die Sache selbst. Der Zeitbegriff unterscheidet sich vom Zeitphänomen. Ich sage das, weil ich der festen Überzeugung bin, dass der Begriff des **Phänomens der physikalischen Zeit** ein völlig anderer ist als der Begriff des **Phänomens der philosophischen Zeit** . Die philosophische **Kategorie der Zeit** bezeichnet ein Realitätsphänomen, das sich grundlegend von Einsteins physikalischer Zeit unterscheidet. Die moderne Entwicklung der Physik zeigt, dass diese Tatsache nicht berücksichtigt wird.

****

Messung einer **Zeitdauer** erfolgt über ein „ **Zeitintervall** " und dient der Entfernungsmessung. Beim Messen einer Entfernung wird ein Standard verwendet. Jeder Benchmark (für Distanz) hat zwei Endpunkte. Die beiden Endpunkte des Gutscheins stimmen mit zwei Punkten der EINEN UNENDLICHEN WIRKSAMKEIT überein.

Die Koinzidenz von Punkten im Raum ist absolut. Das Zusammenfallen zweier Punkte einer Geraden mit zwei Punkten einer anderen Geraden ist immer absolut simultan. Es ist **das zeitliche Auftreten von Ereignissen**. Das Zusammenfallen dieser Punkte erfordert nicht die Hypothese der relativen Zeit. Wenn sich der Standard nicht bewegt, muss die Koinzidenz der Punkte hier und jetzt absolut gleichzeitig mit der Koinzidenz der Punkte dort und jetzt sein.

Die wahre Aussage lautet:

Dann, **hier und jetzt**, haben wir eine Koinzidenz mit, **dort und jetzt**.

Dort und jetzt ist nach der Uhr, **hier und jetzt**. Wenn die Entfernungen dazu neigen, unendlich groß oder unendlich klein zu sein, ist die Bestimmung eines **Zeitintervalls** eine schwierige Aufgabe. Und wenn es keine genaue Definition gibt, wird **das Zeitintervall** zur Utopie.

6 ANALYSE 22022022

Diese Analyse wurde am zweiundzwanzigsten Februar zweitausendzweiundzwanzig durchgeführt. Wieder ein lustiger Zufall.

In seiner Analyse verwendete Einstein die Begriffe Zeit, Raum, Zeitintervall, Zeitpunkt, Synchronisationskriterien, Uhr und Zeitmessung. Einstein verwendete Konzepte mit der Idee, dass Konzepte extrem klar und verständlich sind und keiner Erklärung bedürfen. Aber dem ist nicht so. Die aufgeführten Begriffe dienen der Bezeichnung bestimmter physikalischer Phänomene. Physikalische **Phänomene** sind objektiv existent. Objektiv existieren bedeutet, dass Phänomene unabhängig vom Bewusstsein (menschliches Denken) sind und dass sie außerhalb des menschlichen Bewusstseins liegen und kein Produkt des menschlichen Bewusstseins sind. Physikalische Phänomene haben eine gewisse Essenz. Die Essenz jedes einzelnen Phänomens ist eine Reihe von Einzelteilen. Jeder Teil hat eine bestimmte Eigenschaft. Jede Eigenschaft ist eine Form der Bewegung oder eine Form der Ruhe.
Die Summe der einzelnen Teile gehört zu einer ganzen Essenz . Das Bewusstsein spiegelt das Phänomen und seine Essenz wider. Denken ist eine höhere Form der Reflexion (suchen Sie im Internet nach "Theory of Reflection" Akademiker Todor Pavlov). Der Denkprozess umfasst einen Teil der unendlichen Menge möglicher Verbindungen zwischen den Eigenschaften der Teile, der Essenz des Phänomens. Dies sind mögliche Beziehungen zwischen Bewegungsformen und Ruheformen. Das Denken als höhere Form der Reflexion über ein bestimmtes

Thema ist singulär, singulär, das heißt absolut. Das bedeutet, dass in der EINEN UNENDLICHEN REALITÄT keine zwei Wesen gleich denken. Jede einzelne Entität ist einzigartig, absolut und spiegelt die EINE UNENDLICHE TATSÄCHLICHKEIT auf ihre eigene, subjektiv einzigartige Weise wider. Als Ergebnis der Reflexion erscheinen im Kopf des Subjekts Vorstellungen über Form und Inhalt des **Begriffs**, mit denen das vorhandene Phänomen objektiv bezeichnet wird. Subjekte analysieren und kommunizieren durch konkrete Konzepte. Die Form des konkreten Begriffs, der von verschiedenen Fächern verwendet wird, ist dieselbe (es ist dasselbe Wort), aber der Inhalt des konkreten Begriffs, der von verschiedenen Fächern verwendet wird, ist unterschiedlich. Humanwissenschaft ist das Ergebnis der Durchführung kollektiver subjektiver Analysen und der Formung spezifischer Schlussfolgerungen durch spezifische Konzepte. Subjekte erklären konkrete Schlussfolgerungen und konkrete Konzepte zur subjektiven Wahrheit (Hypothese), und dies ist eine Konvention, ein Vertrag der subjektiven Wahrheit, die eine Hypothese ist. In der Hypothese liegen dieselben Konzepte mit unterschiedlichen Inhalten vor. Das Vorhandensein von Konzepten mit unterschiedlichen Inhalten bedeutet, dass axiomatische verborgene Hypothesen vorhanden sind.

Eine der wichtigen Aufgaben der Humanwissenschaft ist die Bestimmung und Eliminierung verborgener, impliziter, axiomatischer, subjektiver Wahrheiten.

Die moderne Physik ist voller willkürlicher Hypothesen, die in der gesamten menschlichen Wissenschaft verborgen sind. Dies ist ein erheblicher Mangel, der durch den Einsatz geeigneter wissenschaftlicher Methoden überwunden werden kann. Die Erkenntnistheorie (Erkenntnistheorie) führt uns zur Wissenschaft der Philosophie, die Methodologie in Bezug auf die Privatwissenschaften ist. Ich werde diese Tatsache nutzen, um eine geeignete Definitionsumgebung zu schaffen. Die Definitionsumgebung ist eine Summe von Definitionen wichtiger physikalischer Konzepte und Regeln für die Verwendung der Definitionen.

7. DEFINITIONSUMGEBUNG

Definition eins.
Die philosophische **Kategorie** ZEIT dient dazu, das **Phänomen** ZEIT zu bezeichnen.

Definition zwei.
Das **Phänomen** ZEIT **existiert** unabhängig vom **Bewusstsein**.

Definition drei.
Das **Phänomen** ZEIT ist **ein Attribut** der EINEN UNENDLICHEN TATSÄCHLICHKEIT.

Definition vier.
Ein "Zeitintervall" ist eine **Menge von** ZEIT.

Definition fünf.
einzigen **Qualität ZEIT** gehört eine bestimmte **Menge** ZEIT

Definition sechs.
Qualität definieren ZEIT ist eine Konvention.

Definition sieben.
Jedes Ereignis ist ein **Phänomen**, das eine **Essenz besitzt**

Die Definitionsumgebung ist für die Analyse des Phänomens ZEIT notwendig. Die Definitionsumgebung darf geändert werden oder ganz anders sein, was eine neue Konvention ist.

Aber es muss am Anfang jeder Analyse stehen. Wenn nicht, ist die Analyse unmöglich.

8. ERLÄUTERUNGEN ZUR DEFINITIONSUMGEBUNG.

Zur Definition eins.
Die philosophische **Kategorie** ZEIT dient dazu, das **Phänomen** ZEIT zu bezeichnen.

Erläuterung:
In der Wissenschaft der Philosophie gibt es grundlegende wichtige Konzepte, die **Kategorien genannt werden** . Der Begriff ZEIT ist eine philosophische *Kategorie* . Der Begriff des **Phänomens** ist eine philosophische Kategorie, die zum System der Dialektischen Logik gehört. Dialektische Logik ist ein Teil des philosophischen Wissens, das die Entwicklung des absoluten Geistes definiert (siehe Hegel "Phänomenologie des Geistes")

Zur Definition zwei.
Das Phänomen ZEIT **existiert** unabhängig vom **Bewusstsein** .

Erläuterung:
Wenn und falls **das Bewusstsein** verschwindet, wird die ZEIT weiter **existieren** . Die Konzepte von **Bewusstsein** und **Existenz** sind philosophische Kategorien, die in der Reflexionstheorie definiert sind. Die Reflexionstheorie ist ein Teil des philosophischen Wissens, das sich mit dem Studium

der REFLEXION als **Haupteigenschaft** der EINEN UNENDLICHEN TATSÄCHLICHKEIT befasst. Die Eigenschaft der REFLEXION ist die Ursache für die ENTWICKLUNG des ABSOLUTEN GEISTES und der MATERIE. In der Wissenschaftsphilosophie wird die Haupteigenschaft der **Sache** durch **das Kategorieattribut bezeichnet**. Wenn und falls der **Sache** das Attribut entzogen wird, dann hört die **Sache auf zu existieren.**
Die philosophische Kategorie **existiert, sie** gehört zur Reflexionstheorie (siehe Internet, Akademiker Todor Pavlov „Theory of Reflection").
Die vingi-Existenz ist im RAUM und in der ZEIT.
Die Begriffe RAUM, MATERIE, ABSOLUTER GEIST sind Kategorien der Philosophie.
Die Kategorie EINZIGE UNENDLICHE WIRKLICHKEIT dient dazu, die unendliche Vielfalt von **Objekten** und **Subjekten zu bezeichnen** (siehe „ Zeit . Raum . Bewegung . Ruhe . Relativität . Absolut " Lambert Verlag 2018 „). Die Konzepte von **Objekt** und **Subjekt** sind philosophische Kategorien, die analysiert, definiert und zur Reflexionstheorie gehören.
Die Kategorien **Etwas** und **Nichts** gehören zum dialektischen System.

Zur Definition drei.
Das Phänomen ZEIT ist **ein Attribut** der EINEN UNENDLICHEN TATSÄCHLICHKEIT.

Erläuterung:
Das philosophische Kategorieattribut bezeichnet eine unwiderrufliche Eigenschaft . Jedes **Phänomen** hat eine unwiderrufliche Eigenschaft. Ich habe bereits gesagt, dass, wenn dem **Phänomen** die unwiderrufliche Eigenschaft genommen wird , **das Phänomen** aufhört zu **existieren** . Wenn das Attribut ZEIT von der EINEN UNENDLICHEN WIRKLICHKEIT weggenommen wird, hört die EINZIGE UNENDLICHE WIRKLICHKEIT auf zu existieren.

Zur Definition vier.

Ein "Zeitintervall" ist eine **Menge von** ZEIT.

Erläuterung:
"Zeitintervall" wird mit einem TIME-Messgerät gemessen. Das Messgerät von TIME misst eine **Zeitspanne**. Das Messgerät der ZEIT heißt Uhr. **Die Menge möglicher Uhren in** der EINEN UNENDLICHEN REALITÄT ist unendlich groß.

Zur Definition fünf.
einzigen Qualität ZEIT gehört eine bestimmte **Menge** ZEIT

Erläuterung:
Der Typ ZEIT ist **qualitativ** definierte ZEIT.
Zum Beispiel ist die relative ZEIT die **Qualität** ZEIT, die absolute ZEIT eine andere **Qualität** ZEIT, die physikalische ZEIT von Einstein die **Qualität** ZEIT, die logische ZEIT die **Qualität**. Weitere können aufgeführt werden...

Zur Definition sechs.
Qualität definieren ZEIT ist eine Konvention.

Erläuterungen:
1898 veröffentlichte Poincaré einen Artikel. (" Zeit Messung .") «Revue de Metaphysique et de Morale» (1898, T. VI, S. 1 -13).

Dies ist eine wunderbare Analyse der Probleme, die bei der Bestimmung von Zeitmessungen auftreten. Im Analyseprozess untersucht Poincaré verschiedene Regeln, die verwendet werden können, und zieht zwei wesentliche Schlussfolgerungen:

„In dieser Diskussion möchte ich auf zwei Punkte aufmerksam machen.
1. Die anwendbaren Regeln sind sehr unterschiedlich.
2. Es ist schwierig, das qualitative Problem der Gleichzeitigkeit vom quantitativen Problem der Zeitmessung zu trennen.

Was Poincaré im fernen Jahr 1898 sagte, ist eine wahre Prophezeiung dessen, was jetzt im Jahr 2022 geschieht.

Poincaré zeigt die Probleme auf, die sich bei der Untersuchung des Phänomens ZEIT ergeben. Dies sind Probleme, die die Entwicklung der Physik und der gesamten modernen Wissenschaft stoppen.

Und wenn Poincaré noch einmal Zeitintervalle untersucht, sagt er:

„Wir müssen folgendes Fazit ziehen. Wir können weder die Gleichzeitigkeit noch die Gleichheit zweier Zeitintervalle unmittelbar durch Anschauung bestimmen. Wenn wir glauben, dass wir eine solche Intuition haben, werden wir getäuscht. Wir ersetzen es durch einige Regeln, die wir fast immer anwenden, ohne es zu merken."

Poincaré hat das 1898 gesagt! Das war acht Jahre vor 1905, als Einstein seine erste Abhandlung über die Relativitätstheorie (" Zur Elektrodynamik Beweger Körper ") . In diesem Artikel begann Einstein, über ein Zeitintervall nachzudenken, und versuchte, eine Definition eines Zeitintervalls zu erstellen. Aber Einstein gelang es nicht. Meine persönliche Meinung ist, dass Poincaré viel mehr wusste als Einstein. Poincaré war sich der zu lösenden Probleme bei der Analyse des Phänomens ZEIT wohl bewusst. Es war dieses Wissen, das Poincaré davon abhielt, die Relativitätstheorie so zu entwickeln, wie Einstein die Theorie geschaffen hat. Einstein hatte ein intuitives Verständnis des Phänomens ZEIT.

Und genau aus diesem Grund muss nach Poincaré das intuitive Zeitwissen durch Regeln der Zeitmessung ersetzt werden. Wenn Zeitmessungsregeln erscheinen, erscheint die TIME - **Qualitätskonvention**.

Regeln sind Definitionen, Konventionen sind ein Definitionsbereich. Der Definitionsbereich definiert die Qualität TIME. Die in der Konvention vorgestellten Regeln müssen bestimmte Anforderungen erfüllen.

Hier sind Poincarés Worte:

„Was ist der Kern dieser Regeln?

Es gibt keine allgemeine Regel. Es gibt viele private Regeln, die in jedem speziellen Fall verwendet werden. Diese Regeln werden uns nicht auferlegt, und wir können andere erfinden. Aber sie können nicht geändert werden, wenn sie die Formulierung physikalischer Gesetze, Gesetze der Mechanik und Astronomie erschweren. Daher wählen wir diese Regeln nicht, weil sie wahr sind, sondern weil sie am bequemsten sind, und wir können wie folgt zusammenfassen:

Die Gleichzeitigkeit zweier Ereignisse oder die Reihenfolge ihrer Aufeinanderfolge muss durch die Gleichheit zweier Dauern bestimmt werden, damit die Formulierung von Naturgesetzen möglichst einfach ist. Mit anderen Worten, all diese Regeln, all diese Definitionen sind nur die Frucht unbewusster Vereinbarungen.

Vor mehr als hundert Jahren hat Poincaré ein Programm zur zukünftigen Entwicklung von Hypothesen über das Phänomen ZEIT erstellt. Dieses Programm muss jetzt verwendet werden. Ich stimme Poincarés Analyse zu und teile seine Ideen zur Entwicklung der Wissenschaft, die das Phänomen der ZEIT untersucht. Poincarés Analysen enthalten eine enorme heuristische Ladung. Das sind Leitgedanken, denen wir, die wir das Phänomen ZEIT analysieren, folgen müssen.

Zur Definition sieben.
Jedes Ereignis ist ein **Phänomen**, das eine **Essenz besitzt**.

Erläuterung:
Im Artikel „ Zur Elektrodynamik Beweger K ö rper ", der 1905 geschrieben wurde, führte Albert Einstein den Begriff „Zufall von Ereignissen" ein und schlug vor, ihn zu verwenden, um die Gleichzeitigkeit von Ereignissen zu definieren. Hier ist, was es sagt:

„Wenn sich eine Uhr an einem Punkt A im Raum befindet, dann kann der Beobachter, der sich bei A befindet, die Zeit von Ereignissen in der unmittelbaren Umgebung von A bestimmen, indem er nach der Übereinstimmung der gleichzeitigen Positionen der Zeiger der Uhr fragt mit diesen Ereignissen."

Aus dem Text geht hervor, dass Einstein versucht, **die Zeit von Ereignissen**, die sich in der Nähe von Uhr A befinden, durch die Positionen der Uhrzeiger festzustellen. Das von Einstein getroffene Urteil ist ziemlich intuitiv, nicht klar und bedarf weiterer Analyse.

Einstein sprach von zahlreichen Ereignissen in der Nähe einer Uhr. Jedes dieser Ereignisse fällt mit der Position der Zeiger der Uhr zusammen. Einstein bemerkte nicht, dass in diesem Fall die "Position der Zeiger der Uhr" ein auftretendes Ereignis darstellt. Aber dann sind dies zwei Ereignisse, zwei unabhängige Ereignisse, die zusammenfallen. Dies gibt Einstein Anlass, sie gleichzeitig zu nennen. Dann definiert das Zusammentreffen von mindestens zwei Ereignissen, von denen eines die Position der Zeiger **einer einzelnen** Uhr ist, mindestens einen Zeitpunkt. Dies ist eine sehr gute Idee von Einstein, die wir die ganze Zeit verwenden werden. Und dann erscheinen Ereignisse (ein Phänomen erscheint), deren **Essenz** Zufall ist. Das Ereignis „Uhrposition" hat einen numerischen Wert. Der Zahlenwert erscheint in der Uhr und wird dem Ereignis „Zeigerposition" zugeordnet. Die beiden Ereignisse, die zwei **Phänomene** sind, haben dieselbe **Essenz**, die als Zufall bezeichnet wird.

Und dann hat die Koinzidenz den gleichen spezifischen Zahlenwert und wird ein **Moment der Zeit genannt**.

Es wird normalerweise mit T_n oder bezeichnet t_n, wobei $n = 0,1,2,3,....\infty$

Ein Moment in der Zeit ist immer entweder der Beginn oder das Ende eines **Zeitintervalls**. Entweder der Beginn oder das Ende des konkreten **Zeitintervalls darf unbekannt sein**, und dann wird entweder das Ende oder der Beginn vom Forscher nicht kommentiert.

9. FAZIT

Man kann sagen, dass das, was ich geschrieben habe, nicht so wichtig ist, und die spezielle Relativitätstheorie hat Recht.
Ich argumentiere ganz kurz:
Die spezielle Relativitätstheorie ist eine Theorie der physikalischen Zeit. Die physikalische Zeit wurde von Einstein definiert. Physische Zeit ist relativ. Einsteins Methode verwendet einen einfachen mathematischen Ausdruck:

$$t_B - t_A = t'_A - t_B$$

Durch diesen Ausdruck definierte Einstein den Begriff „Zeitintervall".
In der Speziellen Relativitätstheorie wird „Zeitintervall" zu „physikalischer Zeit". Wenn Zweifel bestehen, dass **das Zeitintervall** falsch ist, bedeutet dies, dass die physikalische Zeit falsch ist und dass die spezielle Relativitätstheorie falsch ist.